高 等 学 校 教 材

石油工程实验

赵明国　党庆功　主编
曹广胜　主审

石 油 工 业 出 版 社

内 容 提 要

　　本书主要阐述石油工程中储层岩石、流体的基本物性参数，钻井液、完井液等基本性能的测定，渗流力学和工程流体力学实验的基本原理、实验方法，并对自喷、气举及有杆泵抽油三大采油方法的室内模拟实验进行了介绍。同时，本书还对钻井工艺技术、水力压裂电模拟实验、钻井液污染与处理方法、驱替过程中流体特征参数测定等综合、设计型实验以及渗流力学实验的原理、方法进行较详细的介绍。

　　本书论述的实验内容基本涵盖了石油工程涉及的实验项目，可为石油工程、储运等专业本科生的实验教材，也可作为矿场工程技术人员的参考书。

图书在版编目（CIP）数据

　　石油工程实验/赵明国，党庆功主编．
北京：石油工业出版社，2014.2
　（高等学校教材）
　ISBN 978 - 7 - 5021 - 9962 - 3

　Ⅰ．石…
　Ⅱ．①赵… ②党…
　Ⅲ．石油工程—实验—高等学校—教材
　Ⅳ．TE - 33

　中国版本图书馆 CIP 数据核字（2014）第 013409 号

出版发行：石油工业出版社
　　　　　（北京安定门外安华里 2 区 1 号　　100011）
　　　　　网　址：http://pip.cnpc.com.cn
　　　　　编辑部：(010) 64523574　发行部：(010) 64523620
经　　销：全国新华书店
印　　刷：北京中石油彩色印刷有限责任公司

2014 年 2 月第 1 版　2014 年 2 月第 1 次印刷
787×1092 毫米　开本：1/16　印张：12.5
字数：316 千字

定价：25.00 元

前　　言

本书是严格按照石油工程本科实验教学大纲要求的内容编写的。书中所设置的实验内容是本专业培养高级工程技术人才不可缺少的。这些实验对培养石油工程专业学生的工程技术实践能力有着十分重要的意义。学习掌握这些实验是每个石油工程专业学生的重要任务，也是完成本专业培养目标实际训练的重要环节之一。

众所周知，实验课是一个重要的实践环节，提供的常常是书本中学不到的知识。它在理论联系实际，提高理论认识，增强分析能力，促进理论发展等方面都起着重要作用。作为培养德、智、体、美全面发展的高级工程技术人才的高等院校，不仅使学生具备较深厚的理论知识，还要使学生具有较强的从事科学实验的能力，这样才能适应科学技术不断进步和国家现代化建设的需要。一项高水平的实验不仅为生产科研提供可靠的理论依据，同时对学生学习专业的兴趣与专业技能的培养以及学科建设都有着极为重要的意义。

本教材是根据石油工程专业本科生培养方案，并结合实验室的具体情况编写的，包括原钻井工程、采油工程、油藏工程、油层物理及渗流力学、工程流体力学实验，这些实验是石油工程专业本科生必做的实验。

本教材注意内容的先进性、实用性、启发性，贯彻理论与实践相结合的原则，有利于培养学生的基本技能和创新能力，反映了现代石油工程实验技术。

教材共分六章三十三节。

第一章岩石基本参数测定，重点介绍了石油工程中有关岩石重要工程技术参数的基本 概念、测定原理与方法，如岩石硬度、塑性系数、比面、孔隙度及渗透率等参数的测试方法与所需设备、仪器、仪表等的使用与性能特点。

第二章流体基本参数测定，重点介绍了石油工程中有关流体的重要物性参数及性能的测定原理与方法，如钻井液、完井液的流变性、固相含量、地层油高压物性等的测定。

第三章工程技术基础实验，主要对三大采油方法——自喷、气举和有杆泵抽油室内模拟井实验的原理、装置与过程进行介绍，学生可通过模拟井实测某些曲线并加以分析，得到一些重要结论。

第四章综合设计实验，本章所设置的实验力求使学生得到进一步培养并提高其综合实验与科研的能力，不仅要使学生掌握实验的原理、技术、方法与设备的使用，更主要的是要使学生大胆地动手、动脑，设计与提出一种新的实验方法。一个有前途、善于动脑的学生不会也决不应该就实验而实验，而应创造性地学习，这才是本章所设实验的内涵与宗旨。

第五章渗流力学实验，重点介绍不可压缩流体单向稳定、不稳定渗流时的压力分布规律以及不可压缩液体按线性定律做平面径向稳定渗流时的压力分布规律、产量与压降的关系，应用微波测岩心模型含水饱和度分布等内容。学生在掌握实验原理、装置及过程的基础上，通过实测某些数据、曲线，可确定油田生产中压力、饱和度分布规律并加以分析。

第六章工程流体力学实验，重点介绍了流体静力学基本方程式、流体能量转换与守恒原理、雷诺数、动量定律、毕托管测速、沿程水头损失和局部阻力损失测量等实验教学内容。学生通过实验可掌握流体压力、流量、流速、动量修正系数、摩阻系数、流量修正系数等水力参数的测量原理与测定方法，识别不同流动状态并学习掌握不同流动状态下流体的流动特性。

本书由东北石油大学石油工程实验中心全体教师编写。其中，第一章第二、三、七节，第四章第四节由赵明国编写；第二章第一、二节，第四章第三节由党庆功编写；第一章第四、五、六节，第二章第三、四、五节由胡绍彬编写；第一章第一节由张立刚编写；第四章第一节由罗云、张立刚编写；第三章第三节、第四章第二节由曹广胜编写；第三章第一、二节由赵仁宝编写；第五章由卓兴家编写；第六章由刘银庆编写。曹广胜担任了本书的主审工作。

由于作者水平有限，定有不妥之处，恳请广大读者批评指正。

编者

2013 年 10 月

目 录

第一章　岩石基本参数测定

第一节　岩石硬度与塑性系数的测定

一、实验的目

（1）使学生了解岩石的物理机械性质及破碎特点。

（2）学习、掌握测定岩石硬度与塑性系数的方法。

二、实验原理

钻井时岩石的破碎过程是异常复杂的，钻头破碎工具的形状是多种多样的，破碎载荷不是静载而是动载，并且破碎载荷的大小及方向都随时间而改变。对这样复杂的问题，要完全从纯理论上进行分析几乎是不可能的。因此，人们设法对实际井底的情况进行模拟，在室内研究岩石的破碎作用与影响因素，从而提出对钻井实践有意义的合理建议，以改善或提高钻井效率。用圆柱压入法测定岩石的硬度与塑性系数时，由于压头压入时岩石的破碎特点对钻井时岩石破碎过程具有一定的代表性，所以用压入法所测得的岩石力学特性在一定程度上能反映钻井时岩石抗破碎的能力。

实验时，手摇油泵手轮将液压油送给硬度仪，推动活塞上升，使岩样与压模和测头同时接触。随着压力的增大，压模逐渐压入岩样，压入的深度与测头的位移相等。电感测微仪将测头位移转变成电压信号输给 $X-Y$ 函数记录仪。$X-Y$ 函数记录仪自动记录下岩石的载荷—吃深曲线。

所有岩石的压入试验曲线可以分 3 种典型的形态，如图 1-1 所示。

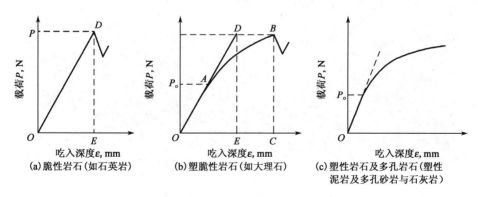

（a）脆性岩石（如石英岩）　　（b）塑脆性岩石（如大理石）　　（c）塑性岩石及多孔岩石（塑性泥岩及多孔砂岩与石灰岩）

图 1-1　平底圆柱压头压入岩石时的变形曲线

变形曲线的纵坐标为压头所加的载荷 P（N），横坐标为吃深（压入深度）ε（mm）。根据变形曲线的形态，可以把岩石分为三大类，即脆性岩石、塑性岩石与塑脆性岩石。图 1-1（a）是脆性岩石的典型曲线形态，直到发生脆性破碎时，载荷与吃深成直线关系变化。岩石的硬度 P_y 定义为产生脆性破碎时接触面上单位面积的载荷。

$$P_y = \frac{P}{S} \qquad \text{N/mm}^2(10\text{bar}) \qquad (1-1)$$

式中　P——产生脆性破碎时压头的载荷，N；

　　　S——压头的底面积，mm^2。

图 1-1 (b) 是塑脆性岩石的典型变形曲线，它包含了弹性变形和塑性变形两个变形区，在塑性变形之后也产生了脆性的破碎，因此可以按式 (1-1) 计算出该岩石的压入硬度值。

脆性岩石开始屈服时便达到了脆性的破碎，而塑脆性岩石的屈服极限则出现于破碎发生之前。载荷 P_o 则相当于岩石从弹性到塑性的转变点，即相应的屈服点。屈服极限 P_Q 可按式 (1-2) 求得：

$$P_Q = \frac{P_\text{o}}{S} \qquad \text{N/mm}^2(10\text{bar}) \qquad (1-2)$$

衡量岩石塑性的大小可以用破碎前耗费的总功 A_F〔相当于图 1-1 (b) 中的 $OABC$ 面积〕与弹性变形功 A_E（相当于 ODE 面积）的比值，这个比值称为岩石的塑性系数（应注意，这里的弹性变形功不仅包括了纯弹性变形功，因为在塑性段，由于弹性能的积聚而出现了硬化现象）。塑性系数 K 公式为：

$$K = \frac{A_F}{A_E} = \frac{\text{面积 } OABC}{\text{面积 } ODE} \qquad (1-3)$$

当压头压入塑性的或多孔的岩石时，压头下的岩石并不发生脆性破坏，这时候的典型变形曲线如图 1-1 (c) 所示。从图中无法求得硬度及塑性系数值（因为不存在脆性破坏点），因此可以用屈服极限来衡量岩石的抗压入强度，并认为这类岩石的塑性系数为无限大。

实验表明，致密的非多孔岩石的塑性系数一般都不超过 6，可以认为 $K>6$ 的岩石属于塑性岩石。但这一类岩石中包括了多孔的岩石。对于多孔岩石，压头压入深度的变化已不是单纯的塑性变形的结果，而且包括了孔隙的压实过程。对于其中的一部分岩石，当压实程度达到一定极限时，也能产生脆性的破坏。

三、实验装置及设备

岩石硬度、塑性系数测定装置如图 1-2 所示。

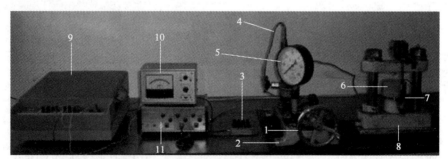

图 1-2　岩石硬度、塑性系数测试装置图

1—手轮；2—压力表校验泵；3—电桥盒；4—压力传感器；5—压力表；6—岩样；
7—测头；8—硬度仪；9—函数记录仪；10—电感测微仪；11—压变放大器

四、实验方法及步骤

1. 岩样制备

（1）岩样条件。试样用石油钻井取心无明显裂缝的岩块。在岩样制备过程中不允许人为裂缝的出现。试验前将岩样置放于干燥箱内，以 105~110℃烘 24h。

（2）岩样规格。石油钻井取心的圆柱形岩样高为 40~60mm，方形岩样的长、宽、高分别为 100mm、100mm 与 50mm。

（3）岩样制备精度。岩样两端面的不平行度应小于 0.2mm，端面的不平整度应小于 0.1mm。

2. 实验操作

（1）将压力传感器的 3 根传输线按半桥测量方法接在电桥上，将电桥盒的四孔插头插入放大器的电桥输入端（参见放大器的使用）。

（2）将测头的四孔插头插入电感测微仪背面 A 插头插座（参见电感测微仪的使用）。

（3）将 X-Y 函数记录仪、电感测微仪、放大器电源插头插入电源，分别开启电源开关，预热 15min。

（4）标定压力传感器。加载使岩样与压模压紧，预压 5~10kgf 压力，调节放大器调零旋钮，使其输出电压为零。加压达到压力传感器额定载荷，调节放大器增益旋钮，使放大器输出电压满足所要求的电压（对于满量程为 50kgf/cm²、70kgf/cm² 的压力传感器，放大器输出电压分别为 5V、7V）。卸载荷至预压力时看放大器电压是否为零，如不为零，重复上述步骤，直到满足要求为止。

（5）将电感测微仪电压输出导线接到 X-Y 函数记录仪的 X 轴输入端，放大器的电压输出导线连接在函数记录仪的 Y 轴输入端。

（6）根据电感测微仪、放大器输出电压的大小，分别选择 X-Y 函数记录仪 X 轴、Y 轴的量程。电感测微仪输出电压线性范围为 -150~150mV，X 轴量程选在 0.05mV/cm² 挡。放大器输出电压为 5~10V，Y 轴量程应选 0.1V/cm² 挡。将 X-T 开关置于 X，测量开关置于"测量"，记录开关置于"记录"后待用。

（7）选择压模。根据岩样的性质、软硬及致密程度，按表 1-1 选择圆柱形平顶压模。

表 1-1 压模类型与应用范围

序　号	压模类型	应用范围
1	直径 $d=2$mm 硬质合金压模	致密高硬度岩石
2	直径 $d=2$mm 合金钢压模	致密中硬度岩石
3	直径 $d=3$mm 合金钢压模	胶结疏松的低硬度岩石

（8）检查液压管路、阀门、仪表是否完好，仪表连线接触是否良好，排除管路中的空气，记录所使用的压模直径后，将岩样置于压模下的合适位置。

（9）将油杯单向阀打开，逆时针方向转动手轮将液压油吸入压力表校验泵，然后关闭单向阀，顺时针方向转动手轮开始加载。当压力表指示在 2kgf/cm² 处时停止加载，调整电感测头位置，使电感测微仪的指示表指针处在左端 3 的位置左右，调节 X-Y 函数记录仪 X、Y 轴调零旋钮，使记录笔处在适当位置。以每秒 10kgf 以下的加载荷速度加载，直到岩样产生体积破碎或吃入深度增加而载荷不变为止，则该点测试完毕，将记录仪的测量记录开关关闭后，调 X 轴调零旋钮，使记录笔架处于右端卸载。

（10）打开油杯单向阀卸载，移动岩样选择其他测试点。每块岩样测试 10 个点，测试点之间及测试点与岩样边缘的距离不得小于 10mm。

（11）重复（9）~（10）操作方法，做出第 N 点曲线。

五、实验数据处理

1. 计算岩样硬度

根据载荷—吃深曲线形态，选择计算岩石硬度的公式。

在坐标纸的载荷—吃深曲线上找到破碎点的纵坐标为 Y（cm），它相当于放大器输出电压 X（V/cm）：

$$X = 0.1Y(V)$$

压力传感器承受压力与放大器输出电压关系为 $50kgf \cdot V/cm^2$，于是有：

$$W = 50X$$
$$= 50 \times 0.1Y$$
$$= 5Y(kgf/cm^2)$$

破碎载荷 P 为：

$$P = \frac{\pi}{4}D^2W$$

$$P = \frac{5}{4}\pi D^2Y \qquad (kg)$$

$$P = \frac{49}{4}\pi D^2Y \qquad (N) \tag{1-4}$$

式中　D——活塞直径，cm。

于是，硬度：

$$P_y = \frac{P}{S} = \left(\frac{5}{4}\pi D^2Y\right) \Big/ \left(\frac{1}{4}\pi d^2\right) = \frac{D^2}{d^2}5Y \tag{1-5}$$

式中　d——压模直径，mm。

岩石按硬度分类见表 1-2。

表 1-2　岩石按硬度分类

类别	软		中软		中硬		硬		坚硬		极硬	
级别	1	2	3	4	5	6	7	8	9	10	11	12
硬度，kbar	≤1	1~2.5	2.5~5.0	5~10	10~15	15~20	20~30	30~40	40~50	50~60	60~70	>70

注：（1）对于塑性岩石及多孔岩石，最大破碎载荷取值为岩石从弹性到塑性转变点的载荷 $P_。$，如图 1-1（b）所示。

（2）每块岩样的硬度为 10 个点的几何平均值。

（3）岩石按硬度大小分为 6 类 12 级。

（4）求破碎时载荷 P。

2. 计算岩石塑性系数

根据载荷—吃深曲线形态，确定岩石塑性系数的计算公式。

岩石按塑性系数 K 分类见表 1-3。

表 1-3　岩石按塑性系数 K 分类

类　别	脆　性	塑　脆　性				塑　性
级别	1	2	3	4	5	6
K	1	1~2	2~3	3~4	4~6	6~∞

注：（1）对于塑性或多孔岩石，压模下的岩石并不发生体积破碎，认为这类岩石的塑性系数为无限大。

（2）每块岩样的塑性系数为 10 个点的几何平均值，计算值取整数位（四舍五入）。

（3）岩石按塑性系数 K 大小分别为 3 类 6 级。

六、实验要求

（1）实验前必须充分预习，掌握岩石硬度与塑性系数的基本概念以及测试原理与方法，并写好预习报告。预习报告在实验前须经老师检查。

（2）实验过程中严格按实验操作规程进行，记录数据要求完全、准确、整齐、清楚。实验数据不合格者须重作。实验完毕，整理好仪器与实验台。

第二节 岩石比面的测定

一、实验目的

（1）掌握岩石比面的测定方法及原理。
（2）掌握比面测定仪的结构并能正确使用。

二、实验原理

岩石的比面是指单位体积岩石中颗粒的总表面积或孔隙的内表面积。比面有 3 种表示方法，即以岩石外表体积为基础的比面、以岩石骨架体积为基础的比面与以岩石孔隙体积为基础的比面，它们的表达式分别为：

$$S = \frac{A}{V_f} \qquad S_v = \frac{A}{V_s} \qquad S_p = \frac{A}{V_p} \qquad (1-6)$$

式中　S、S_v、S_p——以岩石外表体积、岩石骨架体积、岩石孔隙体积为基础的比面，
　　　　　　cm²/cm³；

　　　A——岩石颗粒的总表面积或岩石孔隙的内表面积，cm²；

　　　V_f、V_s、V_p——岩石外表体积、岩石骨架体积与岩石孔隙体积，cm³；

　　　S、S_v、S_p 之间的关系为：

$$S = S_v(1-\phi) = S_p\phi \qquad (1-7)$$

式中　ϕ——岩石的孔隙度。

根据高才尼方程：

$$K = \frac{\phi^3}{kS_v^2(1-\phi)^2} \qquad (1-8)$$

以及气体达西定律，可得：

$$S = 14\sqrt{\frac{\phi^3 AH}{(1-\phi)^2 Q\mu L}} \qquad (1-9)$$

式中　A——岩心截面积，cm²；

　　　L——岩心长度，cm；

　　　μ——室温下空气的黏度，mPa·s，可从图 1-3 中查得；

　　　H——空气通过岩心稳定后的压差，cm（水柱）；

　　　Q——通过岩心的空气量，cm³/s。

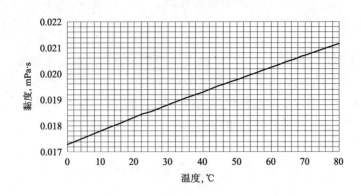

图 1-3 空气黏度—温度曲线

从式（1-9）可以看出，当孔隙度 ϕ 已知，A 和 L 可直接测量，μ 由图 1-3 得到。因此，只要测出通过岩心的空气流量与对应的压差，即可计算出岩石的比面。目前的比面测定仪都是根据这个原理设计的。

三、实验装置及设备

比面测定仪结构如图 1-4 所示。它主要由显示环压的压力表、放空阀、进气阀、岩心夹持器、压差计以及马略特瓶等组成。马略特瓶上部具有进水开关与放空开关，底部有一个放水开关。

该实验还需要空压机，用于提供气源。

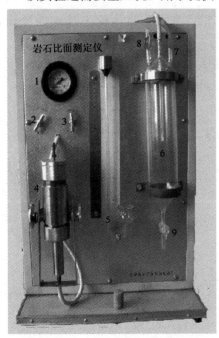

图 1-4　比面测定仪

1—压力表；2—放空阀；3—进气阀；4—岩心夹持器；5—压差计；6—马略特瓶；7—进水开关；8—放空开关；9—放水开关

该仪器的比面测定范围为 $30\sim2250\mathrm{cm^2/cm^3}$。

四、实验方法及步骤

（1）测量岩样的长度、直径，计算出岩样的截面积。

（2）将岩样放在夹持器内，并打开气源将岩样加上环压，以保证气体不能在岩样与夹持器之间窜流。

（3）打开马略特瓶上的放空开关，由进水开关漏斗向瓶内灌水，大约灌至 2/3 便停止，关上进水开关与放空开关。

（4）准备好秒表，打开放水开关并控制流出的水量，待压差计的压差稳定在一定值后，用量筒接流出的水量，并用秒表记录相应的时间。改变水的流量，用同样的方法测定 3 次。

（5）关上放水开关，计算水的流量，并将它与对应的压差代入公式计算岩石的比面，3 次结果的平均值即为岩样的比面。

五、实验数据处理

岩石比面实验数据记录表见表 1-4。

表 1-4 岩石比面实验数据记录表

岩心长度_____ cm；岩心直径_____ cm；孔隙度_____%；室温_____℃；空气黏度_____ mPa·s

序　号	时间 s	水体积 cm³/s	压差 cm（水柱）	流量 cm³/s	比面 cm²/cm³
1					
2					
3					
平均					

六、实验要求

（1）实验前要掌握油层物理方面的知识。

（2）实验时动作要轻，防止马略特瓶及压差计损坏。

（3）实验结束后，一定要先关闭进气开关，然后再关闭放空开关。

第三节　岩石中碳酸盐含量的测定

一、实验目的

（1）明确岩石中碳酸盐含量在油田生产的作用。

（2）掌握岩石中碳酸盐含量的测定方法及原理。

（3）掌握碳酸盐含量测定仪的正确使用方法。

二、实验原理

碳酸盐与盐酸接触后发生反应：

$$CaCO_3 + 2HCl \longrightarrow CaCl_2 + H_2O + CO_2 \uparrow$$

$$100 \qquad\qquad\qquad\qquad 44$$

$$w \qquad\qquad\qquad\qquad G$$

$$w = \frac{100G}{44}$$

产生的 CO_2 气体使压力升高，由压力及气体状态方程：

$$pV = nRT \quad (n = G/M, M = 44) \tag{1-10}$$

$$G = pVM/RT \tag{1-11}$$

因此有：

$$N = w/a = 100pV/aRT \times 100\% \tag{1-12}$$

式中　N——碳酸盐含量，%；

　　　R——气体常数，$R = 8.21$ MPa·cm³/（mol·K）；

　　　T——实验温度，K；

　　　a——岩样质量，g；

　　　V——反应室体积，cm³；

G——CO_2 的质量，g；

w——$CaCO_3$ 的质量，g；

p——反应后的平衡压力，MPa。

只要测出反应后的压力，即可计算出碳酸盐的含量。

三、实验装置及设备

图 1-5 为实验装置，它主要由磁铁、盛样器、反应杯、压力传感器以及放空阀等组成。

图 1-5　碳酸盐含量测定仪

1—磁铁；2—盛样器；3—反应杯；4—压力传感器；5—放空阀

样品反应杯：为带有螺纹的有机玻璃筒，筒盖与控制阀连接，盖与筒之间由 O 形密封圈密封。

盛样器：用来盛装所测岩心样品。

数字压力计：该压力计由压力传感器和显示仪表组合而成，用于测定反应室内 CO_2 气体的压力值。

主要技术指标：电源电压 220V±22V，50Hz；输入功率 100W；工作条件温度 5～40℃；测量范围总含量 0～100％。

四、实验方法及步骤

（1）用电子天平称取一定量的样品，放入盛样器中。为防止盛样器下落时样品溅到外面，应用 1～2 滴丙酮溶剂润湿样品。

（2）将盛样器插入杯盖中插孔，并用磁铁吸牢。

（3）用量筒量取 10mL 10％盐酸倒入反应杯内，并拧紧玻璃筒。

（4）调零，使压力传感器显示值为零。调好后，关闭放空阀，取掉磁铁，使盐酸与样品反应。

（5）当压力稳定后，记录压力与温度。

（6）打开放空阀，使压力指示为零，取出反应杯，用清水冲洗玻璃筒和盛样器。

（7）实验结束。

五、实验数据处理

岩样质量 a ____ g；室温____ ℃；反应室体积 V ____ cm³；反应后压力 p ____ MPa。

根据测出的实验数据，利用公式（1-12）计算出碳酸盐的含量。

碳酸盐含量 N ____%。

六、实验要求

（1）操作一定要认真，防止盐酸溅出烧伤。

（2）取掉磁铁时，一定要先关闭放空阀，以免产生的 CO_2 气体跑掉。

第四节　岩石有效孔隙度的测定

一、实验目的

（1）掌握孔隙度的分类与概念。

（2）掌握测定岩石有效孔隙度的方法与原理。

（3）学会用煤油法测定岩石的有效孔隙度。

二、实验原理

砂岩是由砂粒和胶结物构成的，由于砂粒大小、形状、排列以及胶结物的矿物组成、数量与胶结类型等的复杂性，使得孔隙具有极不规则而复杂的孔隙结构。根据孔隙大小及其在渗流中所起的作用，孔隙大致可以分为超毛管孔隙、毛管孔隙和微毛管孔隙 3 类。通常把参与渗流连通的超毛管孔隙与毛管孔隙称为有效孔隙；而把微毛管孔隙、互不连通的毛管孔隙以及被微毛管孔隙所包围的毛管孔隙等不参与渗流的孔隙称为无效孔隙。

岩石的孔隙性用孔隙度来表示，孔隙度指岩石孔隙体积与岩石外表体积之比。孔隙度的测定方法很多，但它们的测定原则都是利用下面的关系式：

$$\phi = \frac{V_p}{V_f} = 1 - \frac{V_s}{V_f} = 1 - \frac{\rho_f}{\rho_s} \tag{1-13}$$

式中　V_p、V_s、V_f——岩石孔隙体积、固体骨架体积与岩石外表体积，cm^3；

　　　ρ_f、ρ_s——岩石与岩石固体骨架的密度，g/cm^3。

由式（1-13）可以看出，只要知道 V_p、V_s、V_f 3 个参数中的两个或者知道 ρ_f、ρ_s，即可求出岩石的孔隙度。

本实验采用煤油法测定岩石的有效孔隙度。

煤油法是分别测出岩样的有效孔隙体积与岩样的外表（视）体积，确定岩石的有效孔隙度。

利用干岩样饱和煤油前、后的质量差，求出饱和于岩样中的煤油质量，再除以煤油的密度，可得到饱和于岩样中的煤油体积，即岩样的有效孔隙体积。

$$V_{ep} = \frac{W_2 - W_1}{\rho_{煤}} \tag{1-14}$$

式中　V_{ep}——岩石的有效孔隙体积，cm^3；

　　　W_1、W_2——岩样饱和煤油前、后的质量，g；

　　　$\rho_{煤}$——煤油的密度，g/cm^3。

根据浮力定律，物体在液体中所失去的质量等于该物体所排开同体积液体的质量。因此，饱和煤油后岩样在煤油中的质量与饱和煤油后岩样在空气中的质量差，即相当于排开与岩样等体积的煤油质量，再除以煤油密度，即相当于排开与岩样等体积的煤油体积，也即岩样的外表体积。

$$V_f = \frac{W_2 - W_3}{\rho_煤} \qquad (1-15)$$

式中 W_3——饱和煤油后的岩样在煤油中的质量，g。

将 V_{ep}、V_f 代入孔隙度的计算公式，可得：

$$\phi = \frac{W_2 - W_1}{W_2 - W_3} \qquad (1-16)$$

由式（1-16）可知，只要测出干岩样的质量 W_1 与饱和煤油后的岩样在空气及煤油中的质量 W_2、W_3，就可求得岩样的有效孔隙度。

三、实验装置及设备

该实验设备主要是在真空下岩样饱和煤油的装置以及分析天平。图 1-6 为真空下饱和煤油的装置，它包括饱和瓶、球形真空漏斗、稳定瓶、真空泵及真空表。为防止在真空下饱和瓶破碎，在瓶外面有纱罩，瓶上部与球形真空漏斗相连，漏斗内装有煤油，在漏斗下面有一个岩心杯吊在饱和瓶内，漏斗由橡皮塞固定在饱和瓶上。

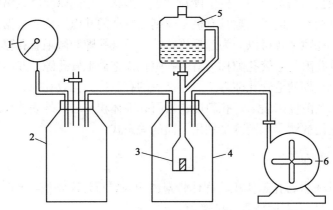

图 1-6　真空下饱和煤油的装置示意图
1—真空表；2—稳定瓶；3—小吊杯；4—饱和瓶；5—球形真空漏斗；6—真空泵

四、实验方法及步骤

（1）将干净的岩样（岩样大小以能放入小吊杯为限）用细铜丝绑好，在空气中称重 W_1。

（2）将称重的岩样放入小吊杯中，并将饱和瓶的橡皮塞塞好，关闭放空阀门。

（3）开动真空泵，将岩样、煤油及整个装置中的空气抽出。此时，若发现装置有漏气的地方，要及时进行封堵。

（4）抽空大约 20min 后，打开放油开关，将煤油慢慢地滴到小吊杯中，以浸没整个岩样为限，然后继续抽空，直到岩样表面无气泡为止。

（5）停止抽真空，慢慢打开放空阀门进行放空，使真空表指针为零。放空过程中不得与大气骤然相通，待真空表完全恢复到零后，可完全打开阀门，使仪器内、外压力平衡。

（6）打开饱和瓶橡皮塞取出岩样，将岩样放在装有煤油的烧杯中，称饱和煤油后的岩样在煤油中的质量 W_3。

（7）用干净的滤纸轻轻擦掉岩样表面的浮油，然后在空气中称饱和煤油后的岩样质量 W_2。

（8）实验结束。

五、实验数据处理

岩样饱和煤油前的质量 W_1 _____ g；

岩样饱和煤油后的质量 W_2 _____ g；

饱和煤油后的岩样在煤油中的质量 W_3 _____ g。

将上述测定的岩样质量代入公式（1-16），求出岩样的有效孔隙度。

岩样的有效孔隙度 ϕ _____ %。

六、实验要求

（1）关闭真空泵前，必须用止水夹将抽空胶管夹紧，防止真空泵油倒流进入饱和瓶。

（2）用滤纸擦掉岩样表面的浮油时要轻轻擦，避免将岩样孔隙中的油吸出，从而影响测量结果。

（3）本方法不适用于有裂缝或胶结程度差的岩样以及有溶洞的碳酸盐岩样。

第五节　岩石绝对渗透率的测定

一、实验目的

（1）使学生加深对岩石绝对渗透率概念的理解。

（2）掌握用空气测定岩石绝对渗透率的方法。

二、实验原理

岩石渗透率是指在一定压差下岩石允许流体通过能力的大小。岩石的渗透率是岩石的固有性质，只与其孔隙结构有关，与所通过的流体性质无关。从理论上讲，不管用何种流体作为介质来测定岩石的渗透率，其结果应该是相同的。但实际上，岩石与液体之间容易发生物理化学作用，液体进入岩石会导致岩石的性质发生变化，因此采用液体测定的渗透率值与实际值有较大偏差。这样，在测定岩石绝对渗透率时一般不用液体，而是采用干燥的空气作为标准介质进行测量。气测岩石渗透率的原理基于达西定律，用加压气体（气瓶或空气压缩机）方法在岩样两端建立压差，测量进、出口压力及出口气体流量后，结合岩样的几何尺寸，利用公式（1-17）进行计算，得出岩石的渗透率值。

$$K = 4.244 \times 10^{-3} \times \frac{Q_0 p_0 \mu L}{d^2 (p_1^2 - p_2^2)} \tag{1-17}$$

式中　K——岩石的渗透率，μm^2；

　　　Q_0——在大气压 p_0 条件下气体的体积流量（即出口气量），cm^3/min；

　　　p_0——大气压，MPa；

μ——室温下空气的黏度（可从图 1-3 中查出），mPa·s；

L——岩心的长度，cm；

d——岩心的直径，cm；

p_1——岩心入口端压力，MPa；

p_2——岩心出口端压力（若出口端直接连通大气，则等于 p_0），MPa。

三、实验装置及设备

本实验所用装置是岩石绝对渗透率测定仪，其结构如图 1-7 所示。

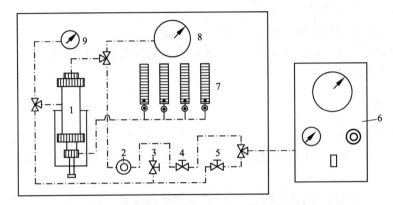

图 1-7 岩石绝对渗透率测定仪结构示意图

1—岩心夹持器；2—测压调节旋钮；3—放空阀；4—测压阀；5—环节阀；

6—空气压缩机；7—气体流量计；8—压力表；9—环压压力表

岩石绝对渗透率测定仪主要由以下几部分组成：

(1) 空气压缩机，提供气源；

(2) 控制部分，由测压阀、测压调节旋钮、环压阀、放空阀等组成；

(3) 岩心夹持器，由岩心室、橡皮套与夹持端盖三部分组成；

(4) 气体流量计，有三个量程，根据气体流量大小选用；

(5) 压力表，显示气体在岩心入口端的压力值。

四、实验方法及步骤

(1) 用游标卡尺测量岩心的直径和长度。

(2) 将岩心放入夹持器中，将底端端盖扣好。

(3) 设置空气压缩机的输出压力，打开电源开关，启动空气压缩机。

(4) 关闭放空阀，打开环压阀，当环压达到要求值后关闭环压阀。

(5) 打开测压阀，选择打开一个气体流量计开始测量。如果流量计显示气体流量太大或太小，选择其他量程气体流量计或者旋动测压调节旋钮改变测压的大小，使流量计读数合理。待压力表和气体流量计读数稳定后记录压力与气体流量值。

(6) 关闭测压阀和环压阀，打开放空阀，然后将岩心取出，实验结束，将测得的数据代入公式计算岩心的渗透率。

五、实验数据处理

将相关数据填写在表 1-5 中。

表 1-5 岩石渗透率实验数据记录表

岩心长度____ cm；岩心直径____ cm；室温____℃；空气黏度____ mPa·s

序　号	p_1 MPa	p_2 MPa	Q_0 cm³/min
1			
2			
3			

将表 1-5 中的各个参数代入公式（1-17）进行计算，得出岩石的渗透率值。

六、实验要求

（1）测定岩样必须是干燥的。

（2）岩样放入夹持器并扣好端盖后，才能打开环压阀施加环压。

（3）岩样上的细微裂缝对测得的渗透率值有很大的影响。

（4）气测渗透率存在气体滑脱效应，必要时需进行校正。

第六节　流体饱和度的测定

一、实验目的

（1）理解岩石内流体饱和度的概念。

（2）了解常压干馏仪的结构及其工作原理。

（3）掌握常压干馏法测定油水饱和度的原理与方法。

二、实验原理

流体饱和度是指储层岩石孔隙中某种流体所占的体积百分数。岩样中的油、水饱和度计算公式为：

$$S_o = \frac{V_o}{V_p} \qquad S_w = \frac{V_w}{V_p} \tag{1-18}$$

式中　V_o、V_w——岩样中的油、水体积，cm³；

　　　V_p——岩样的孔隙体积，cm³。

V_p 可由 $V_p = \phi W_f / \rho_f$ 或其他方法求取。ϕ 和 ρ_f 分别为干岩样的孔隙度与密度，可由与所测岩样相邻的岩样求取；W_f 为干岩样的质量，单位为 g。

从油、水饱和度公式可以看出，只要测出岩样中的油、水体积与干岩样的质量，就可以计算出油、水饱和度。这些参数可通过常压干馏法获得。常压干馏法是将从地层中取出的含有油水的新鲜岩样放入岩心筒中并密封，由加热器均匀地加热；当岩心筒内温度达到油、水的沸点后，油水形成蒸气而蒸发；这些油水蒸气进入冷凝管中被冷却后形成液体，滴到油水收集器中；由于油水不能混溶，油水交接处有一个明显的分界面，当油水停止滴出时，通过油水收集器可读出油水的体积 V_o、V_w；再从岩心筒中取出干馏后的岩心，待其冷却后称量，

得到干岩样质量 W_f。

三、实验装置及设备

常压干馏法所用的仪器是常压干馏仪，其结构如图 1-8 所示。该仪器主要由一个不锈钢制的岩心筒、岩心筒盖、管状立式加热器、电阻丝、冷凝器、导管、油水收集器、温度控制器等组成。

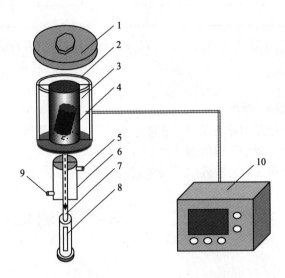

图 1-8　常压干馏仪结构示意图

1—岩心筒盖；2—管状立式加热器；3—电阻丝；4—岩心筒；5—冷却水出口；
6—冷凝器；7—导管；8—油水收集器；9—冷却水进口；10—温度控制器

四、实验方法及步骤

（1）将含有流体的岩样放入岩心筒内。

（2）将装有岩样的岩心筒插入管状立式加热器中，拧紧上盖，然后打开温度控制器开关对岩样进行加热，并给冷凝器通入循环冷却水。

（3）把收集器接到干馏仪的出液口，岩心筒内的油水蒸气进入导管后冷凝，形成液体进入收集器中（如出液口出现的是气体，说明干馏仪温度过高，这时应通过温度控制器调低加热器的温度或者增大循环冷却水流量）。

（4）干馏过程中计量干馏出的水量及干馏时间（从干馏仪出液口出现液滴时开始计时）。当收集器内的油水体积不再增加时，说明岩心内的油水已全部干馏出来，关掉温度控制器电源开关及循环冷却水。

（5）取出收集器并读出油的体积。

（6）打开加热器上盖，从加热器中取出岩心筒，待其冷却后取出岩心并称量 W_f，实验结束。

五、实验数据处理

将相关数据填入表 1-6 中。

表 1-6 饱和度测定实验数据记录表

蒸 出 水 量, cm³						蒸出油量 cm³	干岩样质量 g
1min	2min	3min	4min	5min	…		

由于干馏法是在高温下进行测定的,因此,在干馏过程中,原油中一部分组分因结焦或裂解而残留在岩石中,导致石油体积的减少;另外在蒸发过程中也要损失一部分原油。因此应根据事先做好的石油体积校正曲线(图1-9)对干馏出来的石油体积进行校正,得到油的体积 V_o。蒸发过程中高温下容易将矿物中的结晶水蒸发出来,因此对于蒸发出的水量需要进行校正。校正方法是将蒸出水量与对应干馏时间绘制在直角坐标系中,得到蒸出水量与干馏时间的关系曲线,即水体积校正曲线(图1-10),曲线上的第一个平稳段所对应的水量即为岩样内所含的水量 V_w。高于平稳段所对应的水量包括因高温而蒸出的矿物结晶水。将标定后的油、水体积 V_o、V_w 与干岩样质量 W_f 代入油、水饱和度公式进行计算,得出油、水饱和度。

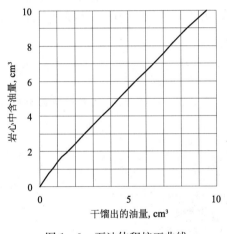

图 1-9 石油体积校正曲线

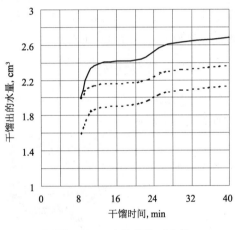

图 1-10 水体积校正曲线

六、实验要求

(1)需要绘制原油体积校正曲线。干馏过程中石油的损失主要与石油的组成有关,因此不同油田甚至不同油层的校正曲线不同。

(2)为了获得精确的结果,每次实验均需绘制水的校正曲线。对于含有黏土矿物的岩样,由于难以正确地确定其束缚水量,所测定的水的饱和度精确性较差。

第七节 岩石孔隙大小分布及毛管压力曲线的测定

一、实验目的

(1)掌握岩石孔隙大小分布及毛管压力曲线的测定原理与方法。
(2)利用半渗透隔板法测定岩石孔隙大小分布及毛管压力曲线。
(3)掌握岩石孔隙大小分布、毛管压力的换算关系。

二、实验原理

毛管压力是两种流体界面之间的压力差，这两种流体可以是两种液体，也可以是液体与气体。当两种流体在毛细管中的界面为球面时，毛管压力为：

$$p_c = 2\sigma\cos\theta/r \qquad (1-19)$$

式中　p_c——毛管压力，MPa；

　　　σ——两种流体的界面张力，N/m；

　　　θ——毛细管壁与液面之间的接触角，(°)；

　　　r——毛细管半径，μm。

常压下半渗透隔板仪测定毛管压力曲线与孔隙大小分布曲线是利用抽真空的方法在岩心两端建立压差，进行气驱水，当气驱水的压力与毛管力平衡时，在该压差下非润湿相的气体将进入半径大于该毛管压力所对应的孔隙半径的所有孔道，并将其中的湿相流体驱出来，从而岩心中的湿相饱和度降低；随着岩心两端的压差增大，岩心中的水也逐渐被驱出来，直到气体突破，即隔板下方出现第一个气泡为止。岩心中水的饱和度可由驱出的水量来确定，这样就得到一系列的毛管力及岩心中水饱和度的数据，由此可绘制毛管压力曲线及孔隙大小分布曲线与孔隙大小累计分布曲线。

三、实验装置及设备

常压半渗透隔板仪是一种用于测定储油岩石气—水、油—水或油—气毛管压力的测量仪器，如图 1-11 所示。

图 1-11　常压半渗透隔板仪

1—半渗透隔板；2—岩心室；3—玻璃毛细管；4—真空压力表；
5—放空阀；6—加压阀；7—真空阀

常压半渗透隔板仪主要由以下几部分组成：

半渗透隔板——隔板一般由陶瓷、玻璃、粉末金属等材料制成。不同材料可显示不同的润湿性。隔板的选择应根据岩石的性质及孔隙大小而定，隔板的孔隙应小于岩心的孔隙。这样，当隔板为湿相流体饱和后，由于毛管力的阻碍作用，在外加压力未超过隔板喉道的穿透毛管压力之前，隔板只允许湿相流体通过，而非湿相流体不能通过。

岩心室——放置岩心。

玻璃毛细管——具有刻度，由此可读出从岩心中驱出的水量。

真空压力表——用于测定驱替压差或毛管力。

放空阀——实验结束后，用于恢复大气压力。

加压阀——用于控制岩心两端压差的大小。

真空阀——与真空泵相连，开启此阀使岩心两端建立压差。

仪器主要技术参数：最大工作压力为-0.1MPa；隔板过水压力为$0.001\sim0.01$MPa；隔板过气压力为$0.3\sim0.7$MPa；适用岩心为直径25mm，长度$30\sim40$mm；体积精度为0.01cm^3；适用介质为油、气、水。

四、实验方法及步骤

（1）将岩心夹持器内隔板以下部分灌满蒸馏水，并将夹持器下部与毛细管连接好，然后用滤纸在隔板上端调整毛细管中初始水位。隔板下部毛细管中不允许有气泡或气体段塞存在。

（2）取一块已饱和的岩心，用滤纸轻轻将岩心表面的水擦掉，把岩心放在隔板上。为了保证岩心与隔板能充分接触，隔板与岩心之间必须放一张纸。

（3）记录操作前的初始水位V_0。

（4）启动真空泵，慢慢打开控制开关，在岩心两端建立压差。然后关闭开关，待毛细管中的水位稳定后，记录压差值p_{c1}及驱出的水体积V_1。用同样的方法不断抽空，在岩心两端建立一系列的压差p_{c2}、p_{c3}、p_{c4}……当毛细管中的水位稳定后，记录相应的水体积V_2、V_3、V_4……直到隔板下部出现第一个气泡为止，把此时的压差记录下来。

（5）关闭真空泵，取出岩心。

五、实验数据处理

将实验数据记录在表1-7中，并按表1-7中的说明进行整理。

表1-7　实验结果数据表

序号	毛管压力 MPa	从岩心中驱出的水量			残留在岩心中的水量		孔隙半径 μm
		驱出水的体积 cm^3	占孔隙体积的百分数 %	占孔隙体积的累积百分数 %	残留水的体积 cm^3	占孔隙体积的百分数 %	
	(1)	(2)	(3)	(4)	(5)	(6)	(7)
0	0	0	0	0	V_w	100	
1	p_{c1}	V_1	$100V_1/V_w$	$100V_1/V_w$	V_w-V_1	$100(V_w-V_1)/V_w$	r_1
2	p_{c2}	V_2	$100V_2/V_w$	$100(V_1+V_2)/V_w$	$V_w-(V_1+V_2)$	$100(V_w-V_1-V_2)/V_w$	r_2
3	p_{c3}	V_3	$100V_3/V_w$	$100(V_1+V_2+V_3)/V_w$	$V_w-(V_1+V_2+V_3)$	$100(V_w-V_1-V_2-V_3)/V_w$	r_3

序号	毛管压力 MPa	从岩心中驱出的水量			残留在岩心中的水量		孔隙半径 μm
		驱出水的体积 cm^3	占孔隙体积的百分数%	占孔隙体积的累积百分数%	残留水的体积 cm^3	占孔隙体积的百分数 %	
	(1)	(2)	(3)	(4)	(5)	(6)	(7)
	0	0	0	0	V_w	100	
4	p_{c4}	…	…	…	…	…	…
5	p_{c5}	…	…	…	…	…	…
6	p_{c6}	…	…	…	…	…	…
…	…	…	…	…	…	…	…

注：V_w 为初始岩心中水的体积，单位为 cm^3。

（1）根据第（1）栏与第（6）栏的数据，以毛管压力为纵坐标，以水饱和度为横坐标，绘制毛管压力曲线。

（2）由 $r = 2\sigma\cos\theta_{wg}/p_c$（$\theta_{wg}$ 可取为零）将 p_c 转换为孔隙半径 r ［第（7）栏］。由第（3）栏与第（7）栏的数据，以孔隙半径为横坐标，以孔隙大小分布（即占孔隙体积的百分数）为纵坐标，绘制孔隙大小分布曲线。

（3）根据第（6）栏与第（7）栏的数据，以孔隙半径为横坐标，以孔隙大小累积分布（即残留在岩心中的水量占孔隙体积百分数）为纵坐标，绘制孔隙大小累积分布曲线。

六、实验要求

（1）实验操作前，隔板下部及毛细管中不能有气泡或气体段塞。

（2）用作油—水毛管压力测定的隔板不宜作气—水毛管压力测定，否则隔板须仔细抽提，重新处理。

（3）每施加一个压力，需充分让其驱替达到平衡（一般需 1～2min），否则所得曲线将会受到歪曲。

（4）低压驱替阶段须保持环境温度基本一致，否则压力将会产生波动。

（5）使用后的隔板必须放入水中严格抽空，保持待用。

（6）驱替的最高压力必须小于隔板的允许压力，否则隔板将会进气。

第二章　流体基本参数测定

第一节　钻井液基本技术参数的测定

一、钻井液密度的测定

1. 实验目的

了解钻井液密度的测试仪器，掌握钻井液密度的测试方法。

2. 实验原理

钻井液的密度是指单位体积钻井液的质量，其单位可用 g/cm^3 来表示。

3. 实验装置及设备

凡精确度达到 $\pm 0.01g/cm^3$ 的密度测量仪器都可用来测量钻井液的密度，但最常用的仪器是如图 2-1 所示的钻井液密度秤以及搅拌器、钻井液杯等。

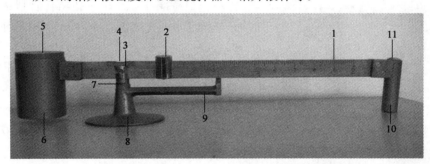

图 2-1　钻井液密度秤

1—秤杆；2—游动砝码；3—刀口；4—水平泡；5—杯盖；6—钻井液杯；7—刀垫；

8—底座；9—挡臂；10—调节器；11—调节器盖

4. 实验方法及步骤

1）标定

（1）钻井液杯盛满清水，盖上盖子，杯内多余的水自孔中溢出，把溢出水擦净。

（2）秤杆刀口于刀垫上，使游动砝码对准 1.0 刻度。

（3）如果水平泡居中，则合乎要求；否则，应在调节器内加减填料（铅粒），使水平泡居中。

2）测量

（1）经充分搅拌的钻井液装满钻井液杯，盖好盖子，擦净杯外钻井液。

（2）秤杆刀口于刀垫上，拨动游动砝码，使水平泡居中，砝码左侧边线所对刻度即为所测钻井液的密度 r，记录数据。

5. 实验数据处理

钻井液密度秤砝码左侧边线所对刻度即为所测钻井液的密度值。

6. 实验要求

(1) 保护好刀口。每次测完，将秤杆拿离刀垫，下次用时再放在刀垫上。

(2) 杯盖不得互换使用。

(3) 保护好水平泡。

二、钻井液黏度的测定

1. 实验目的

了解钻井液黏度的测量仪器，掌握马氏漏斗黏度计的使用方法。

2. 实验原理

钻井液的黏度习惯上常用马氏漏斗黏度计来测量。它是测量钻井液流动时的时间变率，所得结果为表观黏度，通常以"s"为单位。

3. 实验装置及设备

马氏漏斗黏度计如图2-2所示。其中包括漏斗、量杯、筛、秒表、搅拌器、钻井液杯等。

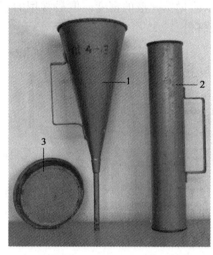

图2-2 马氏漏斗黏度计
1—漏斗；2—量杯；3—筛

4. 实验方法及步骤

(1) 一手持漏斗，并用手指堵住管口，将充分搅拌的钻井液过筛网注入漏斗700cm³（用量杯两端各测量一次）。

(2) 将量杯500cm³的一端朝上，置于漏斗管口下，另一手持秒表，准备测量。

(3) 放开堵住管口的手指，同时开动秒表，记下流满500cm³量杯时所用的时间，即为钻井液的黏度。

5. 实验数据处理

马氏漏斗黏度计中500cm³钻井液完全流出的时间即为钻井液表观黏度。

6. 实验要求

(1) 使用前要用清水标定，方法同上。用清水标定时，"水值"为（15±0.5）s方可使用。

(2) 手持漏斗测黏度时，要保持漏斗中心线垂直。

(3) 保护好漏斗管，不可用铁丝等硬物去通。

三、钻井液流变性能的测定

1. 实验目的

(1) 了解钻井液流变性能的测试仪器。

(2) 掌握六速旋转黏度计的测试原理与使用方法。

(3) 掌握各种流变参数的计算方法。

2. 实验原理

钻井液的流变性能通常使用六速旋转黏度计来分析。它有两个同轴直立圆筒（内筒和外筒），当外筒旋转时，由于液体的黏滞性，把运动传给内筒。如果设半径为 r_2 的外筒以恒定的角速度 ω 旋转，半径为 r_1 的内筒旋转一定的角度后不再转动，位于两圆筒之间的液体则呈同心圆筒层的形式旋转；紧贴外筒的液层具有与外筒相等的角速度 ω，紧贴内筒的液层角速度为零。

3. 实验装置及设备

六速旋转黏度计如图 2-3 所示。

（1）电动六速旋转黏度计采用双速同步电动机，仪器有六个转速，每个转速相应的速梯见表 2-1。

测量范围：

黏度　对牛顿流体　　0～300mPa·s；
　　　对非牛顿流体　0～150mPa·s；
剪切应力　　　　　　0～153.3Pa。

图 2-3　六速旋转黏度计

1—总开关；2—托盘；3—外筒；4—外筒刻线；5—内筒；6—样品杯；7—刻度指示；8—弹簧罩；9—变速杆；10—挡位牌；11—变速箱；12—传动杆；13—电动机；14—熔断丝；15—电源插座

表 2-1　黏度计转数与速梯关系

转速，r/min	600	300	200	100	6	3
速梯，s^{-1}	1022	511	340	170	10	5

（2）变速部分：由变速箱、变速杆及变速电路组成。

（3）测量部分：由扭力弹簧、刻度盘、内筒、外筒组成，内筒与轴为锥度配合，外筒是卡口连接。

（4）支架、箱体部分：包括底座、支撑轴托盘等。

4. 实验方法及步骤

（1）接通电源以 300r/min 和 600r/min 转速试运转，外筒不得有偏摆，掌握好 6 个挡的操作方法。

（2）检查指针是否正对刻度盘零位，如果不对应，则须调零位。

（3）将刚搅拌过的钻井液（约 350cm³）倒入样品杯，立即置于托盘上，上升托盘使液面至外筒刻度线处，固定好托盘，注意样品杯底与外筒底之间的距离不应小于 1.3cm。

（4）从高速到低速进行测量，待刻度盘平稳后，记下各转速下的刻度盘读数。

（5）静切力测量。先将流体用 600r/min 转速搅拌 1min，然后静止 1min，用 3r/min 转速测量，读得的刻度盘最大值乘以 0.511，即为初切力 θ_1。再将流体用 600r/min 转速搅拌 1min，静止 10min，用上述方法测量和计算，即得终切力 θ_{10}。

5. 实验数据处理

$$\tau_0 = 5.11(\Phi_{300} - \eta_p) \tag{2-1}$$

$$K = \frac{0.511\Phi_{300}}{511^n} \tag{2-2}$$

$$\theta_1 = 0.511\Phi_3 \qquad (2-3)$$

$$\theta_{10} = 0.511\Phi_3 \qquad (2-4)$$

$$\eta_p = \Phi_{600} - \Phi_{300} \qquad (2-5)$$

$$\eta_a = \frac{1}{2}\Phi_{600} \qquad (2-6)$$

$$n = 3.32 \lg \frac{\Phi_{600}}{\Phi_{300}} \qquad (2-7)$$

式中　Φ_{600}——流速旋转黏度计转速为 600r/min 时的读值；

　　　Φ_{300}——流速旋转黏度计转速为 300r/min 时的读值；

　　　Φ_3——流速旋转黏度计转速为 3r/min 时偏转最大值；

　　　η_p——塑性黏度，mPa·s；

　　　η_a——表观黏度，mPa·s；

　　　n——流性指数；

　　　K——稠度系数，mPa·s^{-n}；

　　　τ_0——动切力，Pa；

　　　θ_1——初切力，Pa；

　　　θ_{10}——终切力，Pa。

（1）按表 2-2 记录数据。

表 2-2　流变性测定实验记录表

转速，r/min	600	300	200	100	6	3
读数						

（2）计算 η_a、η_p、τ_0、n、K、θ_1、θ_{10}。

（3）在同一张坐标纸上绘制 3 种流体的实际流变曲线并指出它们各属何种流体。

（4）对钻井液按宾汉、幂律、卡森模式进行计算，并分别绘制流变曲线。对绘制的理论曲线与实际流变曲线相比较，确定所测钻井液的实际曲线与哪种模式相近。

6. 实验要求

（1）变速杆保护。第一，在仪器运转的前提下才能变换红色小球的 3 个位置；第二，左手要依附在变速箱上，捏住红色小球，试着变换红色小球的 3 个位置。

（2）内外筒下端面的保护。不允许任何外力接触它，清洗内外筒时取一杯清水，浸泡整个内外筒以 600r/min 转速涮洗即可。

四、钻井液的滤失量、滤饼厚度及 pH 值的测定

1. 实验目的

掌握钻井液滤失量的测试方法，并掌握六联失水仪的使用方法。

2. 实验原理

用标准的定性滤纸模拟可渗透性储层，滤纸上一定量的钻井液在压力的作用下保持一定时间，用以评价钻井液的胶体性能与滤饼质量。

3. 实验装置及设备

六联（或 ZNS）型气压失水仪如图 2-4 所示。

图 2-4 六联失水仪

1—盖；2—气瓶；3—通气体；4—手柄；5—减压阀；6—压力表；7—支架；8—输出部件；
9—放空阀；10—三通头；11—钻井液杯；12—量筒

4. 实验方法及步骤

(1) 打开气瓶，调整减压阀，使压力确定为 0.7MPa。

(2) 取下钻井液杯，在底部扁密封圈下放一张 ϕ9mm 滤纸，旋紧钻井液杯卡口，倒入钻井液至杯内刻度线，小心放到支撑架上，放好上部密封圈（大小要合适，必要时用手摸一下，以防止密封不严），旋紧钻井液杯盖顶部螺丝。取一支量筒，放到支撑架托盘上，上移托盘至合适位置，用螺丝固定好。拿好秒表，准备测量。

(3) 逆时针旋转放空阀手柄至一定程度，气体进入钻井液杯，按动秒表，开始计时。此时不可继续旋转手柄，以防止将放空阀完全旋出，气源气体完全放出。观察气体是否进入钻井液杯，有两种方法：第一种，当钻井液杯排放管有滤液出现时，表明已进气；第二种，当压力表指针往回偏摆，以后又慢慢恢复到 0.7MPa 时，表明气体已进入钻井液杯。当钻井液初失水很小时，不宜采用第一种方法。

(4) 30min 后，取下量筒。顺时针旋转放空阀（注意方向不要弄错）到一定程度，听到"咝咝"的声音，同时可感到气体从手柄上的气眼中放出，声音消失时，旋紧手柄，即可安全卸下钻井液杯。

5. 实验数据处理

(1) 用 pH 试纸测滤液的 pH 值，即得钻井液的 pH 值。

(2) 读取 30min 时量筒中滤液的体积（cm³），即得钻井液的滤失量。对于 API 实验来说，如失水量大于 8cm³，用 7.5min 所得的滤失量乘以 2，即得 API 滤失量的近似值。

(3) 倒出钻井液杯中的钻井液，用水轻轻冲洗滤饼表面，用钢板尺即可测量滤饼的厚度 K（mm）。对于 API 实验来说，如失水量大于 8cm³，应用 7.5min 时的滤饼厚度乘以 2。

6. 实验要求

(1) 熟练使用三通阀，以免实验失败或出现危险。

(2) 向钻井液杯放滤纸时，不要打湿滤纸，以免影响测量结果的准确性。

(3) 密封圈要放好。

五、钻井液中含砂量的测定

1. 实验目的

了解测量钻井液中含砂量的测试仪器，掌握含砂量的测试方法。

2. 实验原理

钻井液中含砂量是指钻井液中不能通过 200 号筛网（相当于直径大于 0.074mm）的砂子体积百分比。

3. 实验装置及设备

含砂量测定仪如图 2-5 所示，仪器由过滤筒、漏斗与玻璃量筒组成。过滤筒中间装有铜筛网，规格为 200 孔/in，即 80 孔/cm，量筒的最小分度为 0.2mm。

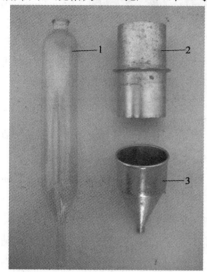

图 2-5 含砂量测定仪
1—过滤筒；2—漏斗；3—玻璃量筒

4. 实验方法及步骤

（1）先在玻璃量筒中装入定量钻井液（20～40mm），再加一定比例的水。

（2）用手指盖住筒口，将钻井液与水摇匀，慢慢倒在过滤筒内，边倒钻井液边用水冲洗。为加快过滤速度，可摇晃过滤筒，直至钻井液冲洗干净，网上仅存砂子为止。

（3）套上漏斗倒置过滤筒，把漏斗口插入玻璃量筒口内，用水将筛网上附着的砂子全部冲到量筒里，等砂子沉到底部细管后，读出含砂量的体积，计算其占钻井液体积的百分比。

5. 实验数据处理

读取钻井液中砂子的体积，砂子体积占钻井液体积的百分比即为钻井液含砂量。

6. 实验要求

（1）加入玻璃量筒中的钻井液与水的总体积最好不超过 160cm³，以免影响摇晃。

（2）用水冲洗过滤筒中的钻井液时，水要四周冲，同时水不宜过多，以免水溢出把砂子带跑。

六、钻井液中固相含量的测定

1. 实验目的

了解钻井液中固相含量的测试仪器，掌握固相含量测定仪的使用方法。

2. 实验原理

钻井液的固相含量与液相含量可以用蒸馏器来测量。把一定体积的钻井液试样放在一个耐腐蚀的容器中，加热使其液相成分完全蒸发。蒸气经过冷凝器，用一个带有刻度的量筒收集蒸馏出的液体，从而测定出液相的体积。悬浮、溶解的固相总含量可以从钻井液体积与液相体积的差值而得到。

3. 实验装置及设备

钻井液固相含量测定仪如图2-6所示。

4. 实验方法及步骤

（1）拆开蒸馏器（包括加热棒、套筒与钻井液杯），放平钻井液杯，将搅拌好的钻井液倒入杯中至将满。

（2）轻轻地将钻井液杯盖放置杯口，让多余的钻井液从螺孔溢出，将溢出的钻井液擦净，此时杯内的钻井液为20cm³。

（3）轻轻地抬起杯盖，滑动盖子，将黏附在盖底面上的钻井液刮回到钻井液杯中。

（4）向钻井液杯中加入3～5滴抗泡沫剂，以防止蒸馏过程中钻井液溢出，然后拧上套筒。

（5）将加热棒旋紧在套筒上部（注意保持竖直，勿使钻井液从引流管处溢出）。

（6）将加热棒插头插入电源接头（注意蒸馏器必须竖直）。

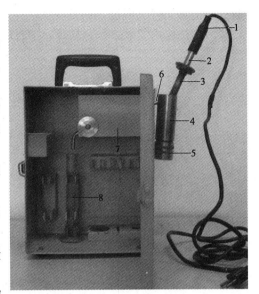

图2-6　固相含量测定仪
1—电源接头；2—加热棒插头；3—加热棒；4—套筒；
5—钻井液杯；6—引流管；7—冷凝器；8—量筒

（7）在仪器箱后将蒸馏器引流管插入冷凝器侧端孔内，且紧抵导流管，放置稳定，将一个清洗干净的量筒夹在冷凝器导流管口处收集冷凝液。

（8）将电源插头接上电源（220V，交流）进行蒸馏，并且记下时间。

（9）通电3～5min，第一滴馏出液馏出，其后连续蒸馏，直至钻井液被蒸干，不再有馏出，拔下电源插头，切断电源。蒸馏时间需20～40min。

（10）记下量筒内馏出液（水或油与水）的体积数。若馏出液为水与油，且分层不很清晰，可向内加入1～3滴破乳剂。

（11）用环架套住套筒上部，将蒸馏器与冷凝器分开，拔下电源接头，对蒸馏器淋水冷却（注意勿使水淋在加热棒上）。

（12）大部分固相成分残留在钻井液杯内，很少量附着在加热棒与套筒内壁上。取下加热棒，用刮刀刮净钻井液杯、加热棒及套筒上固相成分，勿使有流失，然后以精确天平称重，计算出固相质量分数或体积分数。

（13）冲洗蒸馏器和冷凝器孔，擦净加热棒，然后将其风干、放好。

5. 实验数据处理

读取油量和水量的体积，计算钻井液中固相含量，并将测定的实验数据记录在表2-3中。

表2-3　钻井液中固相含量测定实验数据记录表

密度 g/cm³	漏斗黏度 s	滤饼厚度 mm	滤失量 cm³	pH 值	含砂量 %	固相含量 %	油量 cm³	水量 cm³

6. 实验要求

（1）蒸馏时要严格控制时间，蒸干即可，不宜过长，以利于延长加热棒使用寿命。一般蒸馏 30min 即达最高温度（约 600℃）。

（2）加热棒内的电烙铁芯易坏，拿时应轻取轻放，不可碰击硬物或摔掉地上，以免电阻丝断掉。

第二节　油井水泥应用性能

一、水泥浆的配制

1. 实验目的

（1）掌握油井水泥的类型、级别、外加剂与应用条件，了解选择油井水泥的原则。

（2）掌握水泥混合装置的使用方法与水泥浆的配制方法。

2. 实验原理

水泥浆是由水、水泥、外加剂等组成的一种固井原料。水泥是一种细磨材料，加入适量水后成为塑性浆体，既能在空气中硬化，又能在水中硬化，并能把砂、石等材料牢固地黏结在一起，形成坚固的石状体水硬性胶凝材料。固井所用的水泥为油井水泥，根据 API 标准可以分为不同的级别，适用于不同的使用环境。

3. 实验装置及设备

典型的水泥混合装置如图 2-7 所示。

图 2-7　典型的水泥混合装置

（1）取样器：管式取样器由二根抛光黄铜套管组成，通过转动内管可打开或关闭进样口，外管有一个尖头以便插入。取样器的长度应与被取样容器相适应。

（2）天平：称重等于或大于 2kg 时，要求精确到 g；称重小于 2kg，要求精确到 0.1%。

（3）刻度玻璃量筒：玻璃量筒的容量应能测量并提供在 20℃ 条件下做单项试验所需的混合水量，容量误差不得超过 ±2.0%；刻度至少划分到 5cm³，主要刻度线应刻满整圈，中间刻度线要延伸 1/5 圈，最小刻度线要延伸到 1/7 圈。

（4）筛：符合 ASTM ZI1 标准 850μm（N020）。

（5）混合装置：用于制备油井水泥浆的混合装置应是一台 1qt（1L）双速底部驱动的叶片式搅拌器。常用的混合装置如图 2-7 所示，低速为 4000r/min，高速为 12000r/min。搅拌叶应由耐腐蚀材料制成。搅拌叶在使用之前应称重，磨损达到 10% 时应更换一个新搅拌叶。混合容器也应由耐腐蚀材料制成。

4. 实验方法及步骤

1）油井水泥类型、级别和外加剂的选择

（1）原则：依据井深、温度梯度、岩层情况、泥浆性能、固井方式以及施工条件选择油井水泥的类型、级别与外加剂。

（2）类型：有低、中、高抗硫酸盐三类。

（3）级别：按 API 标准分为 A、B、C、D、E、F、G、H 八级。

A 级：当无特殊性能要求时，用于地面至 1830m 井深；只有普通型（类似于 ASTMC150，Ⅰ型）。

B 级：当井下条件要求中抗至高抗硫酸盐时，用于地面到 1830m 的井深；有中抗（类似于 ASTMC150，Ⅱ型）和高抗硫酸盐型。

C 级：当井下条件要求高的早期强度时，用于地面至 1830m 的井深；有普通型、中抗（类似于 ASTMC150，Ⅲ型）与高抗硫酸盐型。

D 级：在中等高温、高压条件下，用于 1830～3050m 的井深；有中抗与高抗硫酸盐型。

E 级：在高温、高压条件下，用于 3050～4270m 的井深；有中抗与高抗硫酸盐型。

F 级：适用于超高温高压条件下使用，分为中抗硫酸盐型和高抗硫酸盐型。

G 级：作为一种基本油井水泥生产，用于地面至 2440m 的井深，可与速凝剂或缓凝剂一起使用，以适应更大范围的井深与温度范围。在生产 G 级油井水泥时，除了加硫酸钙或水或两者一起与熟料相互研磨或混合外，不加其他外加剂。G 级油井水泥有中抗与高抗硫酸盐型。

H 级：作为一种基本油井水泥生产，用于地面至 2440m 的井深，可与速凝剂或缓凝剂一起使用，以适应更大范围的井深与温度范围。在生产 H 级油井水泥时，除了加硫酸钙或水或两者一起与熟料相互研磨或混合外，不加其他外加剂。H 级油井水泥有中抗与高抗硫酸盐型。

验收出厂水泥一般要求做安定性、细度、游离水、抗压强度和稠化时间实验。此外，施工工艺还要求做水泥浆密度、失水量、渗透性和流变性能等的测定。制定实验方案要考虑环境温度、养护时间、稠化时间、加热速率等有关因素。例如，稠化时间＝施工时间＋安全保证时间，其中，施工时间＝混拌时间＋顶替时间，安全保证时间＝施工时间×25％。确定的实验方案应尽量符合实际情况的模拟条件。

2）水泥浆配制的具体实施

（1）水泥浆配制的取样要求与操作方法。

①取样要求。

为了保证油井水泥样品具有真实代表性，推荐使用下列油井水泥取样方法：从袋装水泥中取样时，应使用管式取样器；从散装水泥中取样时，可使用管式取样器或小勺。水泥装卸期间取样用小勺。

②操作方法。

试验样品必须放入密闭、防潮的干净容器中，并迅速送交实验室。该容器应采用金属或某种刚性材料制成，并用聚烯烃做衬里，以保证容器具有最好的防护作用。不得使用普通的纸袋或布袋。在每一个样品容器的外壳上应清楚地标明样品来源与取样日期，不要在容器盖上标注，因为容器盖容易被互换而引起混淆。另外，容器内也要放一份完整的标签，重要的是尽可能地减少各种因素对样品的影响。为此，从样品取出直到试验或制成试样期间，样品应保存在密闭、防潮的容器中。备用样品在保存时应采用同样的保护方法。

试验前，样品应混合均匀，用 20 号（850μm）筛网筛过，并置于室温下。样品中必须除去所有外来杂质以及用手不易捏碎的硬块，记录除水泥以外的杂质类型。

（2）水泥浆制备过程。

①过筛：水泥在混合前，水泥试样应通过 20 号（850μm）筛网，称量留在筛网上的杂质，记录其占过筛水泥的体积百分数，并记录其特征，然后将杂质处理掉。

②混合水：对于标准试验，应使用新鲜的蒸馏水或基本上不含二氧化碳的蒸馏水；对于常规试验，则可以使用饮用水。混合水应用玻璃量筒取或用天平称重。

③水和水泥的温度：混合前，水的温度与水泥的温度均应为（22.8±1.1）℃。

④水的百分比：各级油井水泥按质量百分比加入的水量应符合表 2-4 的数值，对于蒸发、润湿等不得补加水量。模拟现场试验，按固井设计要求确定水灰比（水占水泥质量百分比）。

表 2-4　水泥浆组分含量要求

API 水泥级别	水占水泥质量百分比，%	水泥每袋体积，L	混合水，g	水泥，g
A、B	46	19.6	335±0.5	772±0.5
C	56	23.9	383±0.5	684±0.5
D、E、F、H	38	16.2	327±0.5	860±0.5
G	44	18.8	349±0.5	792±0.5

⑤水泥与水的混合。将所需数量的水一次加入到搅拌器的搅拌杯内。打开搅拌器低速挡〔（4000±200）r/min〕转动时，在 15s 内加入全部称好的干水泥样品，盖上搅拌杯盖，然后高速〔（12000±500）r/min〕转动再搅拌 35s。搅拌时间用计时器自动控制。水泥浆配制好后，立即进行下一步试验操作。

5. 实验数据处理

记录配制水泥浆中的水与水泥用量及比例。

6. 实验要求

（1）水泥试验样品和备用样品都要注意防潮。

（2）配制水泥浆时，混合前要控制水与水泥的温度。

（3）配制好水泥浆后要清洗干净实验设备。

二、水泥浆密度的测定

1. 实验目的

掌握水泥浆密度的测量方法，掌握密度剂的使用方法。

2. 实验原理

水泥浆的密度是指单位体积水泥浆的质量，单位可用 g/cm^3 来表示。

3. 实验装置及设备

测定水泥浆密度使用水泥浆加压密度计或钻井液密度秤。

（1）水泥浆加压密度计：测量范围为 $0.75 \sim 2.60 g/cm^3$，最小刻度为 $0.01 g/cm^3$。

（2）钻井液密度秤如图 2-1 所示。

4. 实验方法及步骤

1）仪器校准

定期进行仪器的检查与校准。校准方法是采用在样品杯中放置蒸馏水或已知较高密度液体来进行。

2）测量

（1）用水泥浆加压密度计测定。

①在样品杯中加入水泥浆至样品杯上缘约 6mm 处。

②将盖子放在样品杯上，打开盖子上的单向阀，使盖子外缘与样品杯上缘表面接触，过量的水泥浆通过单向阀排出。将单向阀向上拉到封闭位置，用水洗净、擦干样品杯与螺纹，然后将螺纹盖帽拧在样品杯上。

③用专用加压柱塞筒吸取适量水泥浆，通过单向阀注入样品杯中，直到单向阀自动封闭。

④将样品杯外壳洗净、擦干，然后将密度计放在支架上，移动游码，使游梁处于平衡状态，读出游码箭头一侧的密度值。

⑤测定完成后，重新连接专用加压柱塞筒，释放样品杯中的压力。拧开螺纹盖帽，取下盖子，将样品杯中的水泥浆倒掉。用水彻底清洗、擦干各部件，并在单向阀上涂抹润滑油脂。

（2）用钻井液密度秤测定。

将水泥浆倒入样品杯，边倒边搅拌，倒满后再搅拌 25 次除去气泡。盖好盖子并洗净从盖中间小孔溢出的水泥浆。用滤纸或面巾纸将密度秤上的水擦干。然后将密度秤放在支架上，移动游码，便游梁处于平衡状态，读出游码左侧所示的密度值。测定完成后，将样品杯中的水泥浆倒掉，用水彻底清洗各部件并将其擦干净。

5．实验数据处理

记录水泥浆的密度。

6．实验要求

（1）保护好秤杆刀口，每次测完，将秤杆刀口拿离刀垫，下次用时再放在刀垫上。

（2）杯盖不得互换使用。

（3）保护好水平泡。

三、水泥浆稠化时间的测定

1．实验目的

了解高温高压稠化仪的组成与使用方法，掌握水泥浆稠化时间与稠度的测量方法。

2．实验原理

稠化时间是指从水泥浆配浆开始到水泥浆注入稠化仪中，在实际井温和压力条件下，水泥浆稠度达到 100Bc 所经历的时间。

配制好水泥浆后，随着水泥水化，水泥浆不断变稠，稠化仪桨叶旋转剪切水泥浆的阻力增大，使安装在电位计上的弹簧扭矩及其指针旋转角度也相应增大，电位计的阻值及电压随之增大。因此，电位计所反映出来的电压值不仅表示了弹簧扭矩的大小，也反映了测量水泥浆稠度的大小。

3．实验装置及设备

该仪器主要由一个装有固定叶片组件的旋转圆筒形水泥浆容器组成，全部密封在一个能承受本节所述的试验压力与温度的高压釜内，如图2-8所示。

图2-8　高温高压稠化仪

水泥浆容器与高压室内壁之间的空间应全部注满烃类油，烃类油的闪点满足从事试验单位的安全要求。所选择的油还应具有下列物理性能：

黏度为（7~75）×10^{-2}cm^2/s（7~75cSt，37.8℃）；

质量热容为1.170~1.338J/（g·℃）[0.28~0.32cal/（g·℃）]；

导热率为0.0189~0.0920J/（s·cm·℃）[0.0196~0.0220cal/（s·cm·℃）]；

相对密度为0.85~0.91。

加热元件能至少以3℃/min的速率升高油浴的温度，热电偶用于测定油浴与水泥浆的温度。水泥浆容器以（150±15）r/min的速度旋转。水泥浆稠度由标定过的线圈式弹簧变形量来测出，弹簧与搅拌叶片和一固定头相连。搅拌叶片与水泥浆容器中与水泥浆接触的所有金属部件均由耐腐蚀合金制成。

4．实验方法及步骤

1）仪器校准

电位计与显示稠度的电压测量电路用负载电位计校准装置校准。使用该装置对电位计弹簧施加扭矩，以电位计框架半径（通常为52mm）作为杠杆臂。电位计的校准应在高压室外面进行，但要将校准器与高压室外面的3个电位计接触销连接并通电。电位计要经常校准，如果调整或更换其中的弹簧、接触臂或电阻，则更应进行校准。稠化仪每年最少重新校准一次。为保证温度测量的准确度，热电偶与高温显示计应经常用标准温度计或其他合适的方法进行校准。如果高温显示计的温度与真实温度有偏差，则应调整高温显示计，或调整稠化时间试验的温度，以补偿误差。

（1）砝码加载法校正电位计。

该方法用于半径为52mm的电位计校准。

负载型校准装置对于不同的稠度产生一组扭矩当量值，可通过式（2-8）求出：

$$T = 78.2 + 20.02B \qquad (2-8)$$

式中　T——扭矩，gf·cm；

B——水泥浆稠度单位，Bc。

表2-5列出了不同水泥浆稠度的扭矩当量与砝码质量。当使用负载型校准装置时，100Bc相当于扭矩gf·cm的弹簧偏转。砝码加载法校正电位计的详细校正步骤见有关操作手册。

表2-5　扭矩当量与水泥浆稠度的关系

扭矩当量，gf·cm	砝码质量，g	水泥浆稠度，Bc
260	50	9
520	100	22
780	150	35
1040	200	48

扭矩当量，gf·cm	砝码质量，g	水泥浆稠度，Bc
1300	250	61
1560	300	74
1820	350	87
2080	400	100

（2）用巴拉顿油校正电位计。

校正电位计的另一种方法是使用巴拉顿（Paratone）标准油校正，这种油在5～100Bc稠度范围内的黏度与温度关系是已知的，厂家会随仪器提供一份校正曲线，详细校正步骤见有关操作手册。

2）操作说明

由制造商提供的仪器详细操作说明适用于本实验方法，应当遵循。

3）给仪器灌注水泥浆

（1）水泥浆（按本节中制备）应迅速注入倒置的浆杯中。在注入过程中，应轻轻搅拌水泥浆，以防止离析。当浆杯灌满后，拧上浆杯底盖，小心操作以保证所有空气排出。然后拧紧中心塞，将浆杯放入高压室，并向高压室内注入浴油。将高压室的顶盖旋进到位，使浆杯旋转，并启动油压泵。随着油压泵的运行，高压室顶部的空气将通过顶部排气孔排出。水泥浆的灌注与密封浆杯，浆杯放入高压室，高压室的密封和排气，以及使仪器进入运行状态等一系列操作应在水泥浆混合后的5min内完成。

（2）从浆杯顶部灌注水泥浆的方法。移开桨叶总成，将浆杯立直。将水泥浆（按本节中制备）注入浆杯中至低于凸缘1.6mm处，凸缘位于螺纹的下面。然后安装由桨叶、隔板以及撑环、橡胶隔板和顶部隔板垫圈组成的桨叶总成，水泥浆应在橡胶隔板边缘周围稍微挤出一点。然后将顶部固定环拧进到位，将浆杯放入高压室。下面的操作与上述第（1）条的方法相同。

4）温度与压力控制

在试验期间，水泥浆的温度与浆杯中的压力应按本节中的规范试验方案增加。水泥浆温度由位于浆杯中心的热电偶测定。

5）试验方案的制定

稠化时间方案是根据从水泥浆钻井现场获得的油井数据而制定的。当井深一定时，井底温度（BHT）是温度梯度的函数。不同温度梯度下的试验方案是在假定地面温度为27℃的情况下制定的。时间为零时的压力为地面压力（泵压）。对于套管注水泥方案，井底压力是根据泥浆密度计算出来的，并与到达井底的时间（方案中最后标出的时间）列在一起。

对于所有方案，最终温度与压力应分别恒定在±1℃和700kPa的范围内，直到试验结束。

套管注水泥的油井水泥模拟试验方案、尾管注水泥方案的油井水泥模拟试验方案、挤注水泥的油井模拟方案以及返注水泥油井模拟挤注水泥方案可以从后续的表2-11与表2-12中查取。这些方案参见《油井水泥试验方法》（GB/T 19139—2012）。

6）稠化时间与稠度

从仪器开始升温升压至稠度达到100Bc所经过的时间称为水泥浆在特定规范试验方案下

的稠化时间。对于温度为93℃或更高的方案，当稠度达到约70Bc时允许停止试验，并通过由所得结果绘出的曲线外推至100Bc。应记录15～30min搅拌期间的最大稠度。水泥浆的稠度大小由扣在水泥浆杯上的电位计电量变化来反映，在记录仪中连续记录下来，在记录仪上绘出的时间与稠度变化关系曲线称为水泥浆稠化曲线。

5. 实验数据处理

温度梯度（TG）由式（2-9）计算：

$$温度梯度(TG) = (BHT - 27℃)/(井深100m) \qquad (2-9)$$

6. 实验要求

验收要求：检验水泥质量，各级别水泥（养护方案见表2-8）的稠化时间与初始稠度验收要求见表2-6。初始稠度为15～30min搅拌期间的最大稠度。

表2-6 稠化时间与初始稠度验收要求

水泥级别	方案	稠化时间最小值 min	稠化时间最大值 min	初始稠最大值 Bc
A	4Sg	90	—	30
B	4Sg	90	—	30
C	4Sg	90	—	30
	4Sg	90		
D	6Sg	100	—	30
	6Sg	100		
E	8Sg	154	—	30
	6Sg	100		
F	9Sg	190	—	30
G	5Sg	90	120	30
H	5Sg	90	120	30

四、水泥浆游离水量的测定

图2-9 常压稠化仪

1. 实验目的

了解水泥浆游离水量的测定仪器，掌握水泥浆游离水量的测定方法。

2. 实验原理

水泥浆中存在较多的游离水，主要以自由水和束缚水的形式存在。配制好水泥浆后，随着水泥水化，水泥浆不断变稠，稠化后水泥浆中的游离水将逐渐析出。

3. 实验装置及设备

高温高压稠化仪如图2-8所示，常压稠化仪如图2-9所示。

1）常压稠化仪的结构、性能及操作方法

常压稠化仪是由一个装有水泥浆杯的不锈钢水槽组成，装在仪表盘上的仪表和元件（包括开关、指示灯、温度控制器、记录仪等）用以控制水槽温度，即从室温到93℃的任意温度。水泥浆杯的转速为150r/min。水泥浆杯有两个，分左右放置，同时由一个电动机带动。此外，电动机还带动叶片搅动水槽中的蒸馏水，使水槽内的温度均匀分布。温度通过热电偶与温度控制器来显示和控制，并单有一支温度计随时验证、检查。而温度控制器可以调节和控制加热器，并由此得到要求的升温速率。水槽灌注蒸馏水，大约15L，多余的可以由溢流孔流出。注入的蒸馏水刚好在旋转体的下部，其高度与溢流阀等高。溢流阀作最终水平校验。

2）稠化仪的标定（或校正）

标定装置是专门用来标定稠化仪的。把杯盖电位计放于标定装置上，悬锤无负载，记录仪指针指零；轻轻挂上285g砝码，指针应在"7"的位置（相当于70Bc）；否则，应调整电位计滑动角头。

实验装置还涉及量筒，量筒0～250cm³刻度部分的长度不小于232mm，但不大于248mm。5cm³或10cm³量筒用于测量游离水量，最小刻度不大于0.2cm³。

4. 实验方法及步骤

（1）制备的水泥浆应立即倒入稠化仪内，并在27℃下搅拌20min，然后将水泥浆倒入lqt（约1L）的搅拌器或与之相当的搅拌器内再高速搅拌35s。

（2）将水泥浆注入清洁、干燥的250cm³玻璃量筒内，并密封以防止蒸发。量筒的环境温度应为（22.8±1.1）℃。量筒应放在厚6.4mm的钢板上，钢板用厚25.4mm的泡沫橡胶垫支撑。钢板和泡沫橡胶垫的尺寸约为200mm×300mm。

（3）静置2h，将浮在上面的水用吸管吸出或轻轻倒出，并用大小合适的量筒测量。用mL表示游离水量。

5. 实验数据处理

记录水泥浆的游离水量。

6. 实验要求

验收要求：G级和H级水泥的游离水量不应超过3.5mL（1.4%）（对于A、B、C、D、E或F级水泥，一般不要求做此项试验）。

五、水泥浆失水量的测定

1. 实验目的

了解水泥浆失水量的测定仪器，掌握水泥浆失水量的测定方法与计算方法。

2. 实验原理

用标准的定性滤纸模拟可渗透性储层，滤纸上一定量的水泥浆溶液在压力的作用下保持一定时间，以评价水泥浆的胶体性能。

3. 实验装置及设备

（1）失水仪（室温，700kPa）：这种失水仪应由一个支架和一个圆筒总成构成。圆筒内径应为（76.2±1.8）mm，圆筒内部最小高度应为63.5mm，过滤面积应为4580mm²，如

图 2 - 10 所示。

（2）高温高压失水仪：这种失水仪应由一个支架和一个圆筒总成构成。圆筒内径应为（54.1±0.01）mm，圆筒内部最小高度应为 63.5mm 或 215.9mm（图 2 - 11），过滤面积必须为 2258mm²。

图 2 - 10　失水仪（室温，700kPa）　　　　图 2 - 11　高温高压失水仪

圆筒总成应由不受碱性溶液腐蚀的材料制成，装配时应保证便于压力介质从其顶部进入和排出。圆筒底部应用一个端盖密封，端盖上带有一个排泄管和几个必要的密封圈，以保证有效密封。整个失水仪装置应放在一个方便的试验台架上。高温高压失水仪的结构应使失水筒放入能恒温的加热套筒内进行加热与滤失。

（3）高压稠化仪或常压稠化仪。

（4）压力介质：用压缩空气、氮气或其他能保持恒定气压安全可行的方法施加压力。

（5）滤网：滤网是 325 号（45μm）标准系列筛网，它由 60 号（250μm）或更低号数的系列筛网支承，两者由不锈钢制成一个整体式筛网。

（6）玻璃量筒：玻璃量筒的容积应能容纳与测量预计的滤液量，最小刻度应不大于 1cm³。

4. 实验方法及步骤

1）水泥浆的准备

在把水泥浆倒入失水仪之前，应按下列方法准备水泥浆：

（1）水泥浆制备完成后，放入高压稠化仪或常压稠化仪中搅拌 20min。然后将水泥浆尽快放入失水仪。从停止搅拌到施加压力的时间不应超过 2min。应以℃为单位测量水泥浆温度。

（2）特制水泥浆：当现场制备的水泥浆经压力和/或温度处理用于做失水试验时，应说明水泥浆的制备和处理方法。

2）油井模拟试验

（1）温度低于 90℃：在低于 90℃的模拟井底温度下做失水试验时，应按本节中（一、水泥浆的配制）要求制备水泥浆。把制备好的水泥浆放入高压稠化仪中，按照相应的试验方案进行高压模拟试验。模拟试验结束后，从稠化仪中取出浆杯，然后把水泥浆倒入预热好的失水仪中。在失水试验期间，失水仪和水泥浆的温度应保持在试验方案的最终温度。

（2）温度高于90℃：在高于90℃但低于121℃的模拟井底温度下做失水试验时，应按下列步骤进行：

①90℃条件下预热失水筒。

②按本节要求制备水泥浆，把水泥浆倒入高压稠化仪浆杯中，按照表2-6中的试验方案给水泥浆升温升压。搅拌20min后，停止加热，缓慢释放压力，然后打开高压稠化仪。

③从加热套筒中取出失水筒，启动恒温器，把加热套筒加热到最终的试验温度。在把水泥浆倒入倒置的失水筒之前，一定要关闭失水筒的底阀。

④把水泥浆从稠化仪中取出并加以搅拌，然后倒入失水筒内，在失水筒上部留出19mm高的空间供水泥浆膨胀。放入滤网、O形密封圈和端盖，拧紧六角固定螺丝并关闭失水筒上的顶阀和底阀。

⑤倒置失水筒，把压力管线接到失水筒的上端。只打开顶阀，给失水筒施加700kPa的压力。连接并锁紧底端回压接收器，给底端回压接收器施加700kPa的压力。切勿打开底阀。

⑥从失水筒的压力达到700kPa开始15min后，将顶阀上的压力升到7700kPa，然后打开底阀。收集滤液30min。试验期间如果回压上升到700kPa以上，要缓慢排放滤液。

⑦试验结束时，关闭压力瓶总阀，再关闭顶阀和底阀，释放两个调压器中的压力。

⑧失水筒冷却90℃以下，先缓慢释放其中的压力，再清洗失水筒。

（3）试验周期。应从打开底阀开始施加压力的那一时刻算起。应记录0.25min、0.5min、1min、2min和5min时的滤液量，以后每隔5min记录一次，直到过了30min为止。如果在30min试验周期结束之前发生脱水，应观测水泥浆样品发生脱水所需的时间。试验结束时，应关闭气压源并打开减压阀。

5. 实验数据处理

以℃为单位记录水泥浆的初始温度。滤液量应按如下方法记录：

（1）实验周期为30min时，把在6900kPa的压差下记录的滤液量作为失水量。内径为（54.1±0.01）mm的失水仪获得的滤液量应乘以2，这既适用于30min的试验周期，又适用于较短的试验周期。

（2）短的试验周期对于在不到30min发生脱水的水泥浆以及试验周期不足30min的试验来说，为比较起见，可用下列两种方法求得一个假定的30min失水量：

①把测量结果绘制在双对数坐标纸上，用外推法求得30min失水量。

②将滤液量乘以5.477，并除以时间（min）的平方根。这一关系式如下：

$$Q_{30} = Q_t \times 5.477/\sqrt{t} \qquad (2-10)$$

式中　Q_{30}——30min的滤液量，mL；

　　　Q_t——t时间的滤液量，mL；

　　　t——试验结束时的时间，min。

对所有计算出的30min失水量都应加以注明，不应当作真正的失水量。

6. 实验要求

高温试验注意事项：

（1）设备：注意遵守制造商推荐的样品体积与压力在试验温度下的极限要求。

（2）高温高压试验要求增加安全预防措施。加压系统和滤液接收器应装有合适的安全减压阀。加热套筒应装有恒温断电器。随着试验温度的升高，水基泥浆和油基泥浆的液相蒸气压越加成为重要的设计因素。

六、水泥浆流变性能的测定

1. 实验目的

会使用六速旋转黏度计测量水泥浆的流变性能，掌握水泥浆流变参数的计算方法。

2. 实验原理

水泥浆的流变性能通常使用六速旋转黏度计来分析。它有两个同轴直立圆筒（内筒和外筒），当外筒旋转时，由于液体的黏滞性，把运动传给内筒。如果设半径为 r_2 的外筒以恒定角速度 ω 旋转，半径为 r_1 的内筒旋转一定的角度后不再转动，位于两圆筒之间液体则呈同心圆筒层的形式旋转。紧贴外筒的液层具有与外筒相等角速度 ω；紧贴内筒的液层角速度为零。

3. 实验装置及设备

（1）电动六速旋转黏度计（35SA 型）或同类型仪器如图 2-3 所示。电动六速旋转黏度计采用双速同步电动机，仪器有 6 个转速，每个转速相应的速度梯度见表 2-7。

表 2-7　六速旋转黏度计转速与相应的速度梯度

转速，r/min	600	300	200	100	6	3
速度梯度，s^{-1}	1022	511	340	170	10	5

测量范围：对牛顿流体　　　$0\sim300\text{mPa} \cdot \text{s}$

　　　　　对非牛顿流体　　$0\sim150\text{mPa} \cdot \text{s}$；

　　　　　剪切应力　　　　$0\sim153.3\text{Pa}$。

变速部分：由变速箱、变速杆及变速电路组成，按动低速键钮，浅绿灯亮，变速杆的 3 个位置从上而下分别表示 100r/min、3r/min、300r/min；按动高速键钮，蓝灯亮，变速杆的 3 个位置从上而下分别表示 200r/min、6r/min、600r/min。变速杆可以连续换挡，不须停机。

测量部分：由扭力弹簧、刻度盘、内筒、外筒组成，内筒与轴为锥度配合，外筒是卡口连接。

支架、箱体部分：包括底座、支撑轴托盘等。

（2）常压稠化仪如图 2-9 所示。

4. 实验方法及步骤

（1）水泥浆的制备：按本节规定的方法制备水泥浆。

（2）测量方法。

①将制备好的水泥浆倒入常压稠化仪浆杯中。常压稠化仪预先加热到试验温度±1℃。

②在试验温度下搅拌水泥浆 20min 后，移去搅拌叶片，在常压稠化仪中用搅拌棒搅拌水泥浆 5s。然后倒入黏度计样品杯中至刻度线。样品杯与内外筒的温度维持在试验温度±2℃。

③将样品杯放在黏度计载物台上，黏度计以 300r/min 的速度旋转，升高载物台使浆液

到达外筒表面刻度线处并固定。

④从浆液到达外筒刻度线开始，60s 后读出刻度盘上的读数。然后立即将仪器转换到 200r/min 的转速挡，20s 后读出刻度盘上的读数。再将仪器立即转换到 100r/min 的转速挡，20s 后读出刻度盘上的读数。在记读数之前瞬间以及试验结束时，记录黏度计样品杯中的水泥浆温度。

⑤用新制备好的水泥浆样品重复整个试验步骤 3～5 次，确保 3 次的测量值在平均值±1 个标准偏差以内，取这 3 次测量值的平均值作为每次试验的测量结果。

⑥根据上述步骤中记录的平均温度，报告水泥浆的流变性测量。

5. 实验数据处理

流变参数计算：

（1）变模式判别按公式（2-11）确定：

$$F = (\theta_{200} - \theta_{100})/(\theta_{300} - \theta_{100}) \tag{2-11}$$

式中　F——流变模式判别系数；

　　　θ_{300}——转速为 300r/min 时的仪器读数；

　　　θ_{200}——转速为 200r/min 时的仪器读数；

　　　θ_{100}——转速为 100r/min 时的仪器读数。

当 $F=0.5\pm0.03$ 时选用宾汉流变模式，否则选用幂律流变模式。

（2）宾汉模式。

$$\eta_p = 0.0015(\theta_{300} - \theta_{100}) \tag{2-12}$$
$$\tau = 0.511\theta_{300} - 500\eta_p \tag{2-13}$$

式中　η_p——塑性黏度，Pa·s；

　　　τ——动切力，Pa。

（3）幂律模式。

$$n = 2.092\lg(\theta_{300}/\theta_{100}) \tag{2-14}$$
$$K = 0.511\theta_{300}/511^n \tag{2-15}$$

式中　n——流性指数；

　　　K——稠度系数，Pa·s^n。

6. 实验要求

六速旋转黏度计的使用注意事项：

（1）变速杆保护。第一，在仪器运转的前提下才能变换红色小球的 3 个位置；第二，左手要依附在变速箱上，捏住红色小球，试着变换红色小球的 3 个位置。

（2）内外筒下端面的保护。不允许任何外力接触它，清洗内外筒时取一杯清水，浸泡整个内外筒开 600r/min 转速涮洗即可。

七、水泥浆流动度的测定

1. 实验目的

了解水泥浆流动度的测量仪器，掌握水泥浆流动度的测量方法。

2. 实验原理

水泥浆流动度是表示水泥浆流动性的一种量度，在一定加水量下，流动度取决于水泥的需水性。流动度以水泥浆在流动桌上扩展的平均直径（mm）表示。

3. 实验装置及设备

流动度仪由锥体（容量为120cm³）、同心圆玻璃板组成，如图2-12所示。

图2-12　流动度仪

4. 实验方法及步骤

（1）将锥体放在同心圆玻璃板上，锥体的下部边缘与玻璃板上同心圆中的最小圆圈吻合。

（2）配制一定水灰比水泥浆，倒入圆锥体内，并将表面刮平。将锥体按竖直方向迅速提起，待水泥浆推开后，取其两个相互垂直方向直径的平均值作为水泥浆流动度值。

（3）测量完成后，将仪器清洗干净，擦干归放原位。

5. 实验数据处理

记录水泥浆的流动度值。

6. 实验要求

（1）上提锥体时必须是垂直方向上提，动作要迅速。

（2）应取两个垂直直径的平均值而不是任意直径的平均值。

（3）清洗、拿放玻璃板时，要小心，轻拿轻放，以免损坏。

八、水泥石抗压强度的测定

1. 实验目的

了解水泥石抗压强度的测量仪器，掌握水泥石抗压强度的测量方法与步骤，会计算水泥石的抗压强度。

2. 实验原理

水泥石承受压缩破坏时的最大应力称为水泥石的抗压强度。

3. 实验装置及设备

（1）试模、底板和盖板：试模是2in立方体，二个制成一联。底板和盖板应使用最小厚度约为6mm的玻璃板或非腐蚀性金属板。在与水泥顶部接触的盖板表面上开一个凹型槽。

（2）抗压强度试验机：抗压强度试验机为液压型试验机。试验机至少每两年校准一次，如果怀疑有误差，则要经常校准。

（3）养护水浴：养护水浴或水箱的尺寸应适合将抗压强度试模全部浸入水中，其温度应在规定的试验温度±2℃范围内。有两种类型的养护水浴。

①常压容器：适用于在82℃或更低的温度下养护试样，应有一个合适的搅拌器或循环系统，确保容器内温度均匀。

②高压容器：一般使用加压养护釜，如图2-13所示。加压养护釜有直径为9in带有夹套的不锈钢釜体以及用于堵塞釜体的釜盖。最高温度可达260℃，压力为21MPa或35MPa，正常试验过程中压力可在0～21MPa之间通过减压阀来调节。压力釜由一个用微处理机控制器控制的3500W外部加热器来加热，能在74min内将温度从27℃均匀地升至174℃。同时，

养护釜配备了安全装置，安装在压力表上的可调式角点开关用来在压力低于或高于选定值时切断工作电源。过压保护由泄压阀或爆裂盘实现，如果压力超过最大额定值，釜内水压将通过爆裂盘排出。

（4）冷却水浴：冷却水浴用于试样全部浸入温度为 (27±3)℃的水中，从养护温度开始冷却试样。

（5）温度测量系统。

①温度计：可使用量程范围为 18～100℃，最小刻度不超过 1℃，用于常压容器。

②热电偶：可使用合适量程的热电偶，用于高压容器。

图 2-13　加压养护釜

（6）捣棒：玻璃或非腐蚀性金属捣棒，长约 200mm，直径为 6mm。

（7）黄油：用于密封试模，在规定的试验温度和压力条件下具有如下性能：防泄漏性能；防水性。在 27～204℃温度范围内黄油应是非腐蚀性的。

4. 实验方法及步骤

1）试模准备

抗压强度试验的试模按下列方法准备：在试模的内表面与板的接触面涂一层薄的黄油，每个试模在组装时两部分的接触面也应涂上黄油，以便使连接处不透水。多余的黄油要从已装好的试模内表面清除掉，要特别注意拐角处。将试模放在涂有薄层黄油的底板上，在试模和底板的外接触面也有必要涂上黄油。

2）水泥浆的制备与装模

（1）水泥浆：水泥浆的制备按本节前述要求进行。

（2）水泥浆装模：将水泥浆倒入准备好的试模至试模深度一半处，每个试样都用捣棒捣拌 25 次。在开始捣拌之前，应将水泥浆倒入所有试模内。捣拌该层水泥浆后，用捣棒或刮刀手工搅拌剩余的水泥浆，以消除水泥浆的离析，然后倒入试模至溢出，并像对第一层水泥浆那样进行捣拌。捣拌之后，用直尺刮掉过量的水泥浆，使之与试模上部持平。若试模中的试样出现泄漏，则应废弃该试样。将涂有黄油的盖板盖在试模上部。对于一次试验测定，试样应不少于 3 块。

3）试样养护

（1）养护时间：养护时间是指从试样在养护容器内开始升温到试样进行强度试验所经过的时间。

（2）对于常压下养护的试样，水泥浆装模后立即放入养护水浴中的时刻为养护时间的开始，试样进行强度试验时为养护时间的结束。

（3）对于高压下养护的试样，试样被密封在养护容器内之后，立即开始加压升温的时刻为养护时间的开始，试样进行强度试验时为养护时间的结束。

规定的试样养护时间为 8h 和 24h。推荐试样养护时间为 8h、12h、18h、24h、36h、48h 或 72h。

4）养护温度与压力

（1）温度低于 82℃的养护：在常压和 82℃或更低温度下的养护，推荐下列一种或几种温度：27℃、38℃、50℃、60℃、70℃或82℃。

（2）温度高于82℃的养护：对于温度高于82℃的养护，下列一种或几种方案（表2-8）：4Sg、6Sg、8Sg或9Sg作了详细规定。

表2-8 高压养护抗压强度试样的规范试验方案

方案	压力psi（kPa）	温度，F（℃）从开始升温、加压所经过的时间，h：min（±2min）									
		0：00	0：30	0：45	1：00	1：15	1：30	2：00	2：30	3：00	3：30	4：00
4Sg	3000（20700）	80（26.7）	116（47）	120（49）	124（51）	128（53）	131（55）	139（59）	147（64）	155（68）	162（72）	170（77）
6Sg	3000（20700）	80（26.7）	133（56）	148（64）	154（68）	161（72）	167（75）	180（82）	192（89）	205（96）	218（103）	230（110）
8Sg	3000（20700）	80（26.7）	153（67）	189（87）	210（99）	216（103）	223（106）	236（113）	250（121）	263（128）	277（136）	290（143）
9Sg	3000（20700）	80（26.7）	164（73）	206（97）	248（120）	254（123）	260（127）	272（133）	284（140）	296（147）	308（153）	320（160）

在剩余的养护期内，最终温度应保持在±3 ℉（±1.7℃）的范围内。

常压养护：对于常压养护，试样在装模并盖好以后，应立即浸入保持养护温度的水浴中。

①对于养护时间小于24h的试验，试样应在测试强度之前约45min从养护水浴中取出，并立即脱模，然后放入温度为（27±3）℃的水浴中养护约35min。

②对于养护时间等于或大于24h的试验，试样应在水泥浆开始混合后的20～23h从养护水浴中取出，并立即脱模，然后再放回养护水浴。试样应在养护水浴中继续养护，直到测试强度之前约45min为止。此时，应将试样转移到温度为（27±3）℃的水浴中养护约35min。

高压养护：对于压力高于常压的养护，试样在装模和加盖后应立即浸入压力容器内（27±3）℃的水中，按照表2-8推荐的适当方案进行升温、升压，直到试样进行强度测试之前的105min为止，此时应停止加热。在以后的60min内温度应降至93℃或更低，但不释放压力，由热收缩引起的除外。在试样进行强度测试之前的45min时，应逐渐释放剩余的压力（避免损坏试样），然后将试样脱模，放入水浴，在27℃条件下养护约35min。

5）试样的强度测试

试样从冷却水浴中取出后应立即进行测试。

（1）使用液压型试验机。对于正常强度的试样，加荷速率应为每分钟71.1kN；对强度为3.5MPa或更低的试样，加荷速率应为每分钟17.9kN。当接近极限强度时，不应再调整试验机的控制部分。

（2）在计算抗压强度时，除非试样的尺寸与规定尺寸50.8mm相差1.6mm或更多，否则，试块的横截面积与规定面积2580mm²的偏差应忽略不计。同一样品、同一试验周期的所有合格试样的抗压强度应取平均值并精确到0.1MPa。

（3）测量方法如下：

①根据试样选用试验机量程范围，挂好砝，对准刻线。

②调整缓冲阀使之与量程范围相适应。

③转动总开关接通电源（此时绿灯亮）。

④开动油泵电动机，拧开送油阀使活塞上升一段，然后调指针对零后，停止油泵电动机。

⑤启动加载速度指示器电动机，并迅速调到适当的位置，此时指示盘保持一定的速度旋转。

⑥记录试验数值。

⑦打开回油阀，拨回从动针。

⑧清除被压碎的试件。

（4）放好试样，启动油泵电动机，迅速将送油阀手柄调到相应的位置，应保持试样加载时指针与指示盘同步旋转，直至试样被压碎，关闭送油阀，并停止油泵电动机和指示器电动机。

5. 实验数据处理

抗压强度计算公式：

$$\sigma_{抗压} = P/S \qquad\qquad (2-16)$$

式中　σ——抗压强度，Pa；

　　　P——载荷，N；

　　　S——试样承压面积，m^2。

一般取 3 个样测量值的算术平均值作为最后的实验结果。

6. 实验要求

最低抗压强度要求见表 2-9。

表 2-9　抗压强度规范要求

水泥级别	方案	养护温度		养护压力 psi（kPa）	规定养护期的抗压强度最小值			
					8h		24h	
		°F	℃		psi	MPa	psi	MPa
A	—	100	38	常压	250	1.7	1800	12.4
B	—	100	38	常压	200	1.4	1500	10.3
C	—	100	38	常压	300	2.1	2000	13.8
D	4Sg	170	77	3000（20700）	—	—	1000	6.9
	6Sg	230	110	3000（20700）	500	3.4	2000	13.8
E	4Sg	170	77	3000（20700）	—	—	1000	6.9
	8Sg	290	143	3000（20700）	500	3.4	2000	13.8
F	6Sg	230	110	3000（20700）	—	—	1000	6.9
	9Sg	320	160	3000（20700）	500	3.4	1000	6.9
G，H	—	100	38	常压	300	2.1	—	—
	—	140	60	常压	1500	10.3	—	—

九、水泥石渗透率的测定

1. 实验目的

了解水泥石渗透率的测量仪器，掌握水泥渗透仪的使用方法，会计算水泥石的渗透率。

2. 实验原理

渗透率测量就是通过施加压差来测定流体流过多孔介质的能力，使用达西定律来进行数学计算。油井水泥主要作用就是隔离/密封套管与井眼，这种密封可阻止流体侵入到环形空间以及继续上升至地面，因此，油田水泥必须具备非常低的渗透率。

3. 实验装置及设备

使用水泥渗透仪（图 2-14）来测定水对油井水泥的渗透率。仪器构成如下：

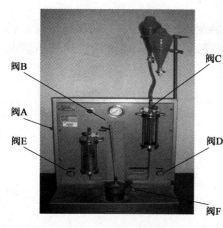

图 2-14　水泥渗透仪

（1）试模：黄铜或不锈钢试模，长度为 25.40mm，锥形内径为 27.99～29.31mm，外径为 50.80mm，顶部和底部边缘应有 5.23mm×45°的倒角。

（2）夹持器：在试模顶部和底部能用 O 形密封圈密封的夹持器。

（3）压力介质：用压缩空气、氮气或其他能保持恒定气压安全可行的方法施加压力。气体将汞从一个圆筒排出，而汞又将水从另一个圆筒排出，迫使水通过水泥石样品。

（4）刻度量管：使用刻度量管测量水通过样品的流量。对于低渗透性样品，应使用 0.1cm³ 量管；对于中等渗透性样品，应使用 1cm³ 量管；而对于高渗透性样品，应使用 5cm³ 量管。

4. 实验方法及步骤

1）样品制备

在把水泥浆放入试模之前，应按下列方法处理水泥浆并装备试模：

（1）水泥浆：把水泥浆（按本节前述方法制备）倒入放在平板上的清洁试模中，用搅拌棒捣拌 25 次，再用刮刀或直尺刮平。将另一块平板放在试模的上面，注意不要夹带气泡。然后按本节水泥石抗压强度测定中推荐的养护方法养护试模中的水泥浆。

（2）水泥石：当水泥浆养护到预定时间以后，从养护釜或水浴中取出装有水泥石样品的试模，去掉盖板，将样品放在水中冷却至室温。如果水泥石表面有釉状物，应将其放在水流下轻轻地刮，以除去这种釉状物。用钢丝刷、砂纸或刮刀刮釉状物较为适宜。

2）实验步骤

为准备试验，将装有水泥石样品的试模大面朝下放入夹持器中，用 O 形密封圈密封好。

为防止水中和样品下面聚集空气，应按下列步骤操作：

（1）向系统中装入汞。关闭阀 A，打开阀 B、C 和 D，用橡胶管把装有新煮沸过的蒸馏水吸瓶连接到阀 C 上，并向腔体内注水，直到水溢过阀 D 为止。

（2）关闭阀 B、C 和 D，打开阀 A，通过观测压力表来调节压力调节器，以获得水穿过水泥试样所需的压差，一般为 100～1400kPa。

（3）将吸瓶连接到阀 E 上，吸瓶比阀 E 高 305～610mm。当夹持器盖拧进到位后，稍微打开阀 D 和阀 E，使小的水流通过装有水泥石样品的试模。关闭阀 E，并完全打开阀 D。

（4）将吸瓶连接到阀 F 上，稍微打开阀 F，让水流过试样顶部并上升到量管上，以获得参考起点。从水的液面到达量管底部刻度线开始计时，直到液面到达量管顶部刻度线为止。

3）渗透率试验

渗透率试验应按下列规定进行。

（1）施加 100～1400kPa 的压差以迫使水穿过水泥石试样。

（2）使用合适的量管。水穿过试样的最长时间应为 15min，或使约 1cm³ 的水穿过试样进入量管为止。

（3）至少测两次流速。

5. 实验数据处理

水在水泥石中的渗透率用公式（2-17）所表示的达西（Darcy）定律来计算。用公式（2-17）计算，以 μm^2 为单位记录水在水泥石中的渗透率。应说明水泥的养护温度、养护压力和养护时间。

$$K = 10^5 Q\mu L / Ap \qquad (2-17)$$

式中　K——渗透率，μm^2；

　　　Q——流速，mL/s；

　　　μ——水的黏度，Pa·s；

　　　L——试样长度，cm；

　　　A——试样的横截面积，cm²；

　　　p——压差，kPa。

6. 实验要求

（1）防止水泥石样品和水中聚集空气。

（2）严格按照仪器使用规范进行操作。

十、水泥浆凝结时间的测定

1. 实验目的

了解水泥浆凝结时间的测量仪器，掌握水泥浆凝结测定仪的使用方法。

2. 实验原理

从水泥加水拌和至水泥浆开始失去塑性的时间，称为初凝时间。从水泥加水拌和至水泥浆完全失去塑性并开始具有硬度的时间，称为终凝时间。

国家标准规定，硅酸盐水泥的初凝时间不早于 45min，终凝时间不迟于 6.5h。其他水泥的终凝时间不得迟于 10h。凡初凝时间不符合规定者为废品，终凝时间不符合规定者为不合格品。

3. 实验装置及设备

水泥浆凝结时间是使用水泥凝结测定仪（图 2-15）进行测定的。测定仪主要由铸铁座、支架、圆模、试针、滑动杆、刻度板等组成。滑动杆旁的松紧螺丝可以调节滑动杆的高低，指针借固定套及螺丝固

图 2-15　水泥凝结测定仪

1—铸铁座；2—圆模；3—支架；4—松紧螺钉；5—刻度板；6—试针；7—螺钉；8—固定套；9—指针；10—滑动杆

定在滑动杆上。

该测定仪的指标刻度尺通过滑动杆的移动借固定在滑动杆上的指针进行读数。刻度尺左侧表示试针下沉深度（mm），刻度范围为0～50mm，最小刻度间距为1mm。

进行凝结时间测定使用的工具有天平、恒温水浴、刮刀、钢板等。

4. 实验方法及步骤

（1）测量前将圆模放在金属板上，并调整仪器，使指针接触金属板时指针对标准尺最低点（70mm）；然后把试针提起，将圆模内壁与金属板涂上黄油，水平放置。

（2）配制好的水泥浆边搅边注入圆模内，振动数次后刮平，盖上钢板（厚为1～2mm）或玻璃板并用重物压住。将圆模立即置于规定温度（如35℃、45℃、75℃、95℃）的恒温水浴中，记下合水时间（水与水泥混合时刻）。

（3）经过一定时间，测量时从养护箱内取出圆模放到试针底下，使试针与水泥浆表面接触，拧紧螺丝，然后突然放松，使试针自由沉入水泥浆，观察试针读数。如果试针读数为零，则继续养护试样。当试针沉入水泥浆中距底板0.5～1.0mm时，由合水时起到此时所经过的时间为初凝时间。然后继续养护试样，过几分钟后测试，直到试针沉入水泥浆中不超过1.0mm时，由初凝时刻到此时所经过的时间为终凝时间。

（4）测量完毕，将仪器清洗干净，擦干放回原位。

5. 实验数据处理

记录水泥浆的初凝时间与终凝时间。

6. 实验要求

（1）使用前后均应将本测定仪擦拭洁净，去掉油污，并将滑动部分注入少许机油。

（2）最初测定时应轻轻扶持滑动杆，使其徐徐下降，以防试针撞弯，但初凝时间仍必须以试针自由降落测得的结果为准。

（3）临近初凝时，每隔5min测定一次；临近终凝时，每隔15min测定一次，每次测定不得让试针落入原针孔内，圆模位置稍微移动，但不能振动。每次测定完毕，须将圆模放回养护箱，并将试针擦净。

（4）恒温水浴必须用均匀加热装置，养护时圆模不得接触热源。

（5）室内应避免直射阳光及流动空气，同时温度保持在17～25℃。储放圆模的养护箱内温度应保持在规定温度范围内90%以上，检定后应迅速放回养护箱内。

不同养护抗压强度试件模拟试验方案、套管模拟注水泥试验方案、尾管模拟注水泥试验方案、套管注水泥试验方案、尾管注水泥试验方案以及挤水泥（封隔器）试验方案见表2-10至表2-15。

表2-10　养护抗压强度试件的模拟试验方案

1	2	3	4	5	6	7	8	9
方案	经过时间 min	压力 psi （MPa）	温度梯度，℉/100ft（℃/100m）					
			0.9 (1.6)	1.1 (2)	1.3 (2.4)	1.5 (2.7)	1.7 (3.1)	1.9 (3.5)
			温度，℉（℃）①					
1Sg 1000ft（305m）	15② 30②	800 (5500)	80 (27) 81 (27)	80 (27) 81 (27)	80 (27) 81 (27)	80 (27) 81 (27)	80 (27) 81 (27)	80 (27) 81 (27)

続表

1	2	3	4	5	6	7	8	9
方案	经过时间 min	压力 psi (MPa)	温度梯度，℉/100ft（℃/100m）					
			0.9 (1.6)	1.1 (2)	1.3 (2.4)	1.5 (2.7)	1.7 (3.1)	1.9 (3.5)
			温度，℉（℃）[①]					
1Sg 1000ft (305m)	60[②]	800 (5500)	82 (28)	82 (28)	83 (28)	83 (28)	84 (29)	84 (29)
	90[②]		83 (28)	84 (29)	84 (29)	85 (29)	86 (30)	86 (30)
	120[②]		84 (29)	85 (29)	86 (30)	87 (31)	88 (31)	89 (32)
	150[②]		85 (29)	87 (31)	88 (31)	89 (32)	90 (32)	91 (33)
	180[②]		87 (31)	88 (31)	90 (32)	91 (33)	93 (34)	94 (34)
	210[②]		88 (31)	90 (32)	91 (33)	93 (34)	95 (35)	96 (36)
	240		89 (32)	91 (33)	93 (34)	95 (35)	97 (36)	99 (37)
2Sg 2000ft (610m)	15	1600 (11000)	88 (31)	88 (31)	89 (32)	89 (32)	90 (32)	90 (32)
	30[②]		90 (32)	90 (32)	91 (33)	91 (33)	92 (33)	93 (34)
	60[②]		91 (33)	92 (33)	93 (34)	94 (34)	95 (35)	96 (36)
	90[②]		92 (33)	93 (34)	95 (35)	97 (36)	99 (37)	100 (38)
	120[②]		93 (34)	95 (35)	97 (36)	99 (37)	102 (39)	103 (39)
	150[②]		94 (34)	97 (36)	100 (38)	102 (39)	105 (41)	107 (42)
	180[②]		96 (36)	99 (37)	102 (39)	105 (41)	108 (42)	111 (44)
	210[②]		97 (36)	100 (38)	104 (40)	107 (420)	111 (44)	114 (46)
	240		98 (37)	102 (39)	106 (41)	110 (43)	114 (46)	118 (480)
3Sg 4000ft (12000m)	15	3000 (20700)	91 (33)	92 (33)	93 (34)	93 (34)	94 (34)	94 (34)
	30[②]		99 (37)	101 (38)	102 (39)	103 (39)	104 (40)	105 (41)
	60[②]		102 (99)	104 (40)	106 (41)	108 (42)	110 (43)	112 (44)
	90[②]		104 (40)	107 (42)	110 (43)	113 (45)	117 (47)	120 (49)
	120[②]		107 (42)	111 (44)	115 (46)	119 (48)	123 (51)	127 (53)
	150[②]		109 (43)	114 (46)	119 (48)	124 (51)	129 (54)	134 (57)
	180[②]		111 (44)	117 (47)	123 (51)	129 (54)	135 (57)	141 (61)
	210[②]		114 (46)	121 (49)	128 (53)	135 (57)	142 (61)	149 (65)
	240		116 (47)	124 (51)	132 (56)	140 (60)	148 (64)	156 (69)
4Sg 6000ft (1830m)	15	3000 (20700)	95 (35)	95 (35)	96 (36)	97 (36)	98 (37)	101 (38)
	30		109 (45)	111 (43)	113 (45)	115 (46)	116 (47)	122 (50)
	45[②]		113 (45)	116 (47)	118 (48)	121 (49)	124 (51)	130 (54)
	60[②]		115 (46)	118 (48)	121 (49)	125 (52)	128 (53)	135 (57)
	90[②]		118 (48)	123 (51)	128 (53)	132 (56)	137 (58)	145 (63)
	120[②]		121 (49)	127 (53)	134 (57)	140 (60)	146 (63)	155 (68)
	150[②]		124 (51)	132 (56)	140 (60)	147 (64)	155 (68)	164 (73)
	180[②]		128 (53)	137 (58)	146 (63)	155 (68)	164 (73)	174 (79)
	210[②]		131 (55)	141 (61)	152 (67)	162 (72)	173 (78)	184 (84)
	240		134 (57)	146 (63)	158 (70)	170 (77)	182 (83)	194 (90)

— 45 —

1	2	3	4	5	6	7	8	9
方案	经过时间 min	压力 psi （MPa）	温度梯度，℉/100ft（℃/100m）					
			0.9 (1.6)	1.1 (2)	1.3 (2.4)	1.5 (2.7)	1.7 (3.1)	1.9 (3.5)
			温度，℉（℃）[①]					
5Sg	15	3000 (20700)	97 (36)	98 (37)	100 (38)	102 (39)	104 (40)	109 (43)
8000ft	30		114 (46)	116 (47)	120 (49)	124 (51)	128 (53)	139 (59)
(2440m)	45[②]		127 (53)	130 (54)	136 (58)	141 (61)	147 (64)	161 (72)
	60[②]		128 (53)	133 (56)	140 (60)	146 (63)	153 (67)	167 (75)
	90[②]		132 (56)	139 (59)	147 (64)	155 (68)	163 (73)	178 (81)
	120[②]		136 (58)	144 (62)	154 (68)	164 (73)	174 (79)	180 (87)
	150[②]		140 (60)	150 (66)	162 (72)	173 (78)	184 (84)	199 (93)
	180[②]		144 (62)	156 (69)	169 (76)	182 (83)	195 (91)	210 (99)
	210[②]		148 (64)	162 (72)	177 (81)	191 (88)	205 (96)	221 (105)
	240		152 (67)	168 (76)	184 (84)	200 (93)	216 (102)	232 (111)
6Sg	15	3000 (20700)	98 (37)	100 (38)	103 (39)	106 (41)	110 (43)	116 (47)
10000ft	30		116 (47)	120 (49)	127 (53)	132 (56)	140 (60)	152 (67)
(3050m)	45		134 (57)	139 (59)	150 (66)	158 (70)	170 (77)	188 (37)
	60[②]		142 (61)	148 (64)	161 (72)	170 (77)	184 (84)	204 (96)
	90[②]		146 (63)	155 (68)	169 (76)	180 (82)	195 (91)	215 (102)
	120[②]		151 (66)	162 (72)	177 (81)	190 (88)	206 (97)	226 (108)
	150[②]		156 (69)	169 (76)	185 (85)	200 (93)	217 (103)	237 (114)
	180[②]		161 (72)	176 (80)	194 (90)	210 (99)	228 (109)	248 (120)
	210[②]		165 (74)	183 (84)	202 (94)	220 (104)	239 (115)	259 (126)
	240		170 (77)	190 (88)	210 (99)	230 (110)	250 (121)	270 (132)
7Sg	15	3000 (20700)	98 (37)	102 (39)	107 (42)	111 (44)	116 (47)	120 (49)
12000ft	30		115 (46)	124 (51)	133 (56)	143 (62)	152 (67)	161 (72)
(3660m)	45		133 (56)	146 (63)	160 (71)	174 (79)	188 (87)	201 (94)
	60[②]		148 (64)	166 (74)	184 (84)	202 (94)	220 (104)	237 (114)
	90[②]		155 (68)	173 (78)	192 (89)	211 (99)	230 (110)	249 (121)
	120[②]		162 (72)	181 (83)	201 (94)	221 (105)	241 (116)	261 (127)
	150[②]		168 (76)	189 (87)	210 (99)	231 (111)	252 (122)	272 (133)
	180[②]		175 (79)	197 (92)	219 (104)	241 (116)	263 (128)	284 (140)
	210[②]		181 (83)	204 (96)	227 (108)	250 (121)	273 (134)	296 (147)
	240		188 (87)	212 (100)	236 (113)	260 (127)	284 (140)	308 (153)
8Sg	15	3000 (20700)	99 (37)	104 (40)	109 (43)	114 (46)	119 (48)	123 (51)
14000ft	30		118 (48)	128 (53)	138 (59)	147 (64)	157 (69)	167 (75)
(4270m)	45		137 (58)	152 (67)	167 (75)	181 (83)	196 (91)	210 (99)
	60		156 (69)	175 (79)	195 (91)	215 (102)	235 (113)	254 (123)

1	2	3	4	5	6	7	8	9
方案	经过时间 min	压力 psi （MPa）	温度梯度，℉/100ft （℃/100m）					
			0.9 (1.6)	1.1 (2)	1.3 (2.4)	1.5 (2.7)	1.7 (3.1)	1.9 (3.5)
			温度，℉ （℃）[①]					
8Sg 14000ft (4270m)	70[②]	3000 (20700)	166 (74)	188 (87)	210 (99)	231 (111)	254 (123)	275 (135)
	90[②]		170 (77)	192 (89)	215 (102)	237 (114)	259 (126)	281 (138)
	120[②]		177 (81)	200 (93)	224 (107)	247 (119)	271 (133)	294 (146)
	150[②]		184 (84)	209 (98)	234 (112)	258 (126)	283 (139)	307 (153)
	180[②]		192 (89)	217 (103)	243 (117)	269 (132)	295 (146)	320 (160)
	210[②]		199 (93)	226 (108)	253 (123)	279 (137)	306 (152)	333 (167)
	240		206 (97)	234 (112)	262 (128)	290 (143)	318 (159)	346 (174)
9Sg 16000ft (4880m)	15	3000 (20700)	101 (38)	106 (41)	111 (44)	116 (47)	121 (49)	126 (52)
	30		121 (49)	131 (55)	142 (61)	152 (67)	163 (73)	173 (78)
	45		142 (61)	157 (69)	173 (78)	188 (87)	204 (96)	219 (104)
	60		163 (73)	183 (84)	204 (96)	224 (107)	245 (118)	266 (130)
	75[②]		182 (83)	267 (79)	233 (112)	258 (126)	284 (140)	309 (154)
	90[②]		186 (86)	212 (100)	238 (114)	264 (129)	291 (144)	316 (158)
	120[②]		194 (90)	221 (105)	248 (120)	275 (135)	303 (151)	330 (166)
	150[②]		201 (94)	229 (109)	258 (126)	286 (141)	315 (157)	343 (173)
	180[②]		209 (98)	238 (114)	268 (131)	298 (148)	327 (164)	357 (181)
	210[②]		216 (102)	247 (119)	278 (137)	309 (154)	340 (171)	370 (188)
	240		224 (107)	256 (124)	288 (142)	320 (160)	352 (78)	384 (196)
10Sg 18000ft (5490m)	15	3000 (20700)	102 (39)	108 (42)	113 (45)	119 (48)	124 (51)	129 (54)
	30		124 (51)	135 (57)	146 (63)	157 (69)	168 (76)	179 (82)
	45		146 (63)	163 (73)	179 (82)	196 (91)	22 (100)	228 (109)
	60		169 (76)	190 (88)	212 (100)	234 (112)	256 (124)	278 (137)
	75		191 (88)	218 (103)	246 (119)	273 (134)	300 (149)	327 (164)
	90[②]		203 (95)	233 (112)	264 (129)	294 (146)	324 (162)	354 (179)
	120[②]		211 (99)	242 (117)	274 (134)	305 (152)	337 (169)	367 (186)
	150[②]		219 (104)	251 (122)	284 (140)	316 (158)	349 (176)	381 (194)
	180[②]		226 (108)	260 (127)	294 (146)	328 (164)	361 (183)	395 (202)
	210[②]		234 (112)	269 (132)	304 (151)	339 (171)	374 (190)	408 (209)
	240		242 (117)	278 (137)	314 (157)	350 (177)	386 (197)	422 (217)
11Sg 20000ft (6100m)	15	3000 (20700)	104 (40)	109 (43)	115 (46)	121 (49)	127 (53)	133 (56)
	30		127 (53)	139 (59)	150 (66)	162 (72)	173 (78)	185 (85)
	45		151 (66)	168 (76)	186 (86)	203 (95)	220 (104)	238 (114)
	60		175 (79)	197 (92)	221 (105)	244 (118)	267 (131)	290 (143)
	75		198 (92)	227 (108)	256 (124)	285 (141)	313 (156)	343 (173)

1	2	3	4	5	6	7	8	9
方案	经过时间 min	压力 psi (MPa)	温度梯度，℉/100ft（℃/100m）					
			0.9 (1.6)	1.1 (2)	1.3 (2.4)	1.5 (2.7)	1.7 (3.1)	1.9 (3.5)
			温度，℉（℃）①					
11Sg 20000ft (6100m)	90②	3000 (20700)	222 (106)	256 (124)	291 (144)	326 (163)	360 (182)	395 (202)
	120②		230 (110)	265 (129)	301 (149)	337 (169)	372 (189)	408 (209)
	150②		237 (114)	274 (134)	311 (155)	348 (176)	384 (196)	421 (216)
	180②		245 (118)	282 (139)	320 (160)	358 (181)	396 (202)	434 (223)
	210②		252 (122)	291 (144)	330 (166)	369 (187)	408 (209)	447 (231)
	240		260 (127)	300 (149)	340 (171)	380 (193)	420 (216)	460 (238)
12Sg 22000ft (6710m)	15	3000 (20700)	105 (41)	111 (44)	117 (47)	123 (51)	130 (54)	136 (58)
	30		130 (54)	42 (61)	155 (68)	167 (75)	179 (82)	191 (88)
	45		155 (68)	174 (79)	192 (89)	210 (99)	229 (109)	247 (119)
	60		180 (82)	205 (96)	229 (109)	254 (123)	278 (137)	303 (151)
	75		206 (97)	236 (113)	267 (131)	297 (147)	328 (164)	359 (182)
	90		231 (111)	267 (131)	304 (151)	341 (172)	378 (192)	414 (212)
	105②		246 (119)	286 (141)	326 (163)	366 (186)	406 (208)	447 (231)
	120②		249 (121)	290 (143)	331 (166)	371 (188)	412 (211)	452 (233)
	150②		256 (124)	298 (148)	339 (171)	381 (194)	422 (217)	464 (240)
	180②		264 (129)	306 (152)	348 (176)	391 (199)	433 (223)	475 (246)
	210②		271 (133)	314 (157)	357 (181)	400 (204)	443 (228)	487 (253)
	240		278 (137)	322 (161)	366 (186)	410 (210)	454 (234)	498 (259)

①温度梯度＝井底静止温度－80℉／（深度 100ft）＝井底静止温度－27℃／（深度 100m）。

②每隔 15min 进行等量升温，直至达到 4h 的温度为止。保持 4h 的温度直到完成试验为止。

注：（1）试样一放入压力釜就施加试验压力，并在整个养护期间把试验压力维持在给定的如下范围内：

1Sg 方案　5500kPa±700kPa（800psi±100psi）；

2Sg 方案　11000kPa±1400kPa（1600psi±200psi）；

11Sg 方案　20700kPa±3400kPa（3000psi±500psi）。

（2）在剩余的养护期内将温度保持在最终温度范围内。

表 2－11A　套管模拟注水泥（方案 9.2s）

井深：1000ft（305m）；钻井液密度：8.7lb/gal（1.04g/cm³）

1	2	3	4	5	6	7	8
时间 min	压力 psi (kPa)	温度梯度，℉/100ft（℃/100m）					
		0.9 (1.6)	1.1 (2.0)	1.3 (2.4)	1.5 (2.7)	1.7 (3.1)	1.9 (3.5)
		温度，℉（℃）					
0	250 (1700)	80 (27)	80 (27)	80 (27)	80 (27)	80 (27)	80 (27)
2	300 (2100)	80 (27)	80 (27)	80 (27)	80 (27)	80 (27)	80 (27)
4	400 (2800)	80 (27)	80 (27)	80 (27)	80 (27)	80 (27)	80 (27)
6	500 (3400)	80 (27)	80 (27)	80 (27)	80 (27)	80 (27)	80 (27)
8	500 (3400)	80 (27)	80 (27)	80 (27)	80 (27)	80 (27)	80 (27)

1	2	3	4	5	6	7	8
时间 min	压力 psi (kPa)	温度梯度，℉/100ft（℃/100m）					
		0.9 (1.6)	1.1 (2.0)	1.3 (2.4)	1.5 (2.7)	1.7 (3.1)	1.9 (3.5)
		温度，℉（℃）					
10	600 (4100)	80 (27)	80 (27)	80 (27)	80 (27)	80 (27)	80 (27)
12	700 (4800)	80 (27)	80 (27)	80 (27)	80 (27)	80 (27)	80 (27)
13	700 (4800)	80 (27)	80 (27)	80 (27)	80 (27)	80 (27)	80 (27)
加热速率，℉（℃）/min		0.00 (0.00)	0.00 (0.00)	0.00 (0.00)	0.00 (0.00)	0.00 (0.00)	0.00 (0.00)
加压速率，psi/min (kPa/min)		35 (238)					
到达最终条件时间，min		13					

表 2－11B　套管模拟注水泥（方案 9.3s）

井深：2000ft（610m）；钻井液密度：8.9lb/gal（1.07g/cm³）

1	2	3	4	5	6	7	8
时间 min	压力 psi (kPa)	温度梯度，℉/100ft（℃/100m）					
		0.9 (1.6)	1.1 (2.0)	1.3 (2.4)	1.5 (2.7)	1.7 (3.1)	1.9 (3.5)
		温度，℉（℃）					
0	300 (2100)	80 (27)	80 (27)	80 (27)	80 (27)	80 (27)	80 (27)
2	400 (2800)	81 (27)	81 (27)	81 (27)	81 (27)	81 (27)	81 (27)
4	500 (3400)	82 (28)	82 (28)	82 (28)	82 (28)	83 (28)	83 (28)
6	600 (4100)	83 (28)	83 (28)	84 (29)	84 (29)	84 (29)	84 (29)
8	700 (4800)	84 (29)	84 (29)	85 (29)	85 (29)	85 (29)	85 (29)
10	800 (5500)	85 (29)	85 (29)	86 (30)	86 (30)	86 (30)	86 (30)
12	900 (6200)	86 (30)	86 (30)	87 (31)	87 (31)	88 (31)	88 (31)
14	1000 (6900)	87 (31)	87 (31)	88 (31)	88 (31)	89 (32)	89 (32)
16	1100 (7600)	88 (31)	88 (31)	89 (32)	89 (32)	90 (32)	90 (32)
17	1200 (8300)	89 (32)	89 (32)	90 (32)	90 (32)	91 (33)	91 (33)
加热速率，℉（℃）/min		0.53 (0.29)	0.53 (0.29)	0.59 (0.33)	0.59 (0.33)	0.65 (0.36)	0.65 (0.36)
加压速率，psi/min (kPa/min)		53 (365)					
到达最终条件时间，min		17					

表 2－11C　套管模拟注水泥（方案 9.4s）

井深：4000ft（1220m）；钻井液密度：9.4lb/gal（1.13g/cm³）

1	2	3	4	5	6	7	8
时间 min	压力 psi (kPa)	温度梯度，℉/100ft（℃/100m）					
		0.9 (1.6)	1.1 (2.0)	1.3 (2.4)	1.5 (2.7)	1.7 (3.1)	1.9 (3.5)
		温度，℉（℃）					
0	350 (2400)	80 (27)	80 (27)	80 (27)	80 (27)	80 (27)	80 (27)
2	500 (3400)	82 (28)	82 (28)	82 (28)	82 (28)	82 (28)	82 (28)

1	2	3	4	5	6	7	8
时间 min	压力 psi（kPa）	温度梯度，℉/100ft（℃/100m）					
		0.9（1.6）	1.1（2.0）	1.3（2.4）	1.5（2.7）	1.7（3.1）	1.9（3.5）
		温度，℉（℃）					
4	700（4800）	83（28）	83（28）	83（28）	84（29）	84（29）	84（29）
6	800（5500）	85（29）	85（29）	85（29）	85（29）	86（30）	86（30）
8	1000（6900）	86（30）	86（30）	87（31）	87（31）	87（31）	88（31）
10	1100（7600）	88（31）	88（31）	88（31）	89（32）	89（32）	90（32）
12	1300（9000）	89（32）	90（32）	90（32）	91（33）	91（33）	92（33）
14	1400（9700）	91（33）	91（33）	92（33）	92（33）	93（34）	93（34）
16	1600（11000）	92（33）	93（34）	93（34）	94（34）	95（35）	95（35）
18	1800（12400）	94（34）	94（34）	95（35）	96（36）	97（36）	97（36）
20	1900（13100）	95（35）	96（36）	97（36）	98（37）	98（37）	99（37）
22	2100（14500）	97（36）	98（37）	98（37）	99（37）	100（38）	101（38）
24	2200（15200）	98（37）	99（37）	100（38）	101（38）	102（39）	103（39）
25	2300（15900）	99（37）	100（38）	101（38）	102（39）	103（39）	104（40）
加热速率，℉（℃）/min		0.76（0.42）	0.80（0.44）	0.84（0.47）	0.88（0.49）	0.92（0.51）	0.96（0.53）
加压速率，psi/min （kPa/min）		78（540）					
到达最终条件时间，min		25					

表 2-11D　套管模拟注水泥（方案 9.5s）

井深：6000ft（1830m）；钻井液密度：9.9lb/gal（1.19g/cm³）

1	2	3	4	5	6	7	8
时间 min	压力 psi（kPa）	温度梯度，℉/100ft（℃/100m）					
		0.9（1.6）	1.1（2.0）	1.3（2.4）	1.5（2.7）	1.7（3.1）	1.9（3.5）
		温度，℉（℃）					
0	450（3100）	80（27）	80（27）	80（27）	80（27）	80（27）	80（27）
2	600（4100）	82（28）	82（28）	82（28）	82（28）	82（28）	83（28）
4	800（5500）	84（29）	84（29）	84（29）	85（29）	85（29）	86（30）
6	1000（6900）	86（30）	86（30）	87（31）	87（31）	87（31）	88（31）
8	1200（8300）	88（31）	88（31）	89（32）	89（32）	90（32）	91（33）
10	1400（9700）	90（32）	90（32）	91（33）	92（33）	92（33）	94（34）
12	1600（11000）	92（33）	92（33）	93（34）	94（34）	95（35）	97（36）
14	1700（11700）	94（34）	94（34）	95（35）	96（36）	97（36）	100（38）
16	1900（13100）	96（36）	96（36）	97（36）	98（37）	99（37）	102（39）
18	2100（14500）	97（36）	99（37）	100（38）	101（38）	102（39）	105（41）
20	2300（15900）	99（37）	101（38）	102（39）	103（39）	104（40）	108（42）
22	2500（17200）	101（38）	103（39）	104（40）	105（41）	107（42）	111（44）

1	2	3	4	5	6	7	8
时间 min	压力 psi（kPa）	温度梯度，℉/100ft（℃/100m）					
		0.9（1.6）	1.1（2.0）	1.3（2.4）	1.5（2.7）	1.7（3.1）	1.9（3.5）
		温度，℉（℃）					
24	2700（18600）	103（39）	105（41）	106（41）	108（42）	109（43）	113（45）
26	2900（20000）	105（41）	107（42）	108（42）	110（43）	112（44）	116（47）
28	3000（20700）	107（42）	109（43）	111（44）	112（44）	114（46）	119（48）
30	3200（22100）	109（43）	111（44）	113（45）	115（46）	116（47）	122（50）
32	3400（23400）	111（44）	113（45）	115（46）	117（47）	119（48）	125（52）
33	3500（24100）	112（44）	114（46）	116（47）	118（48）	120（49）	126（52）
加热速率，℉（℃）/min		0.97（0.54）	1.03（0.57）	1.09（0.61）	1.15（0.64）	1.21（0.67）	1.39（0.77）
加压速率，psi/min（kPa/min）		92（636）					
到达最终条件时间，min		33					

表2-11E 套管模拟注水泥（方案9.6s）

井深：8000ft（2440m）；钻井液密度：10.4lb/gal（1.25g/cm³）

1	2	3	4	5	6	7	8
时间 min	压力 psi（kPa）	温度梯度，℉/100ft（℃/100m）					
		0.9（1.6）	1.1（2.0）	1.3（2.4）	1.5（2.7）	1.7（3.1）	1.9（3.5）
		温度，℉（℃）					
0	550（3800）	80（27）	80（27）	80（27）	80（27）	80（27）	80（27）
2	800（5500）	82（28）	82（28）	83（28）	83（28）	83（28）	84（29）
4	1000（6900）	84（29）	85（29）	85（29）	86（30）	86（30）	88（31）
6	1200（8300）	87（31）	87（31）	88（31）	89（32）	90（32）	92（33）
8	1400（9700）	89（32）	90（32）	91（33）	92（33）	93（34）	96（36）
10	1600（11000）	91（33）	92（33）	93（34）	95（35）	96（36）	100（38）
12	1800（12400）	93（34）	94（34）	96（36）	98（37）	99（37）	103（39）
14	2000（13800）	96（36）	97（36）	99（37）	100（38）	103（39）	107（42）
16	2200（15200）	98（37）	99（37）	101（38）	103（39）	106（41）	111（44）
18	2500（17200）	100（38）	102（39）	104（40）	106（41）	109（43）	115（46）
20	2700（18600）	102（39）	104（40）	107（42）	109（43）	112（44）	119（48）
22	2900（20000）	105（41）	106（41）	110（43）	112（44）	115（46）	123（51）
24	3100（21400）	107（42）	109（43）	112（44）	115（46）	119（48）	127（53）
26	3300（22800）	109（43）	111（44）	115（46）	118（48）	122（50）	131（55）
28	3500（24100）	111（44）	113（45）	118（48）	121（49）	125（52）	135（57）
30	3700（25500）	114（46）	116（47）	120（49）	124（51）	128（53）	139（59）
32	3900（26900）	116（47）	118（48）	123（51）	127（53）	132（56）	142（61）
34	4200（29000）	118（48）	121（49）	126（52）	130（54）	135（57）	146（63）

1	2	3	4	5	6	7	8
时间 min	压力 psi (kPa)	温度梯度，℉/100ft（℃/100m）					
		0.9 (1.6)	1.1 (2.0)	1.3 (2.4)	1.5 (2.7)	1.7 (3.1)	1.9 (3.5)
		温度，℉（℃）					
36	4400 (30300)	120 (49)	123 (51)	128 (53)	133 (56)	138 (59)	150 (66)
38	4600 (31700)	123 (51)	125 (52)	131 (55)	136 (58)	141 (61)	154 (68)
40	4800 (33100)	125 (52)	128 (53)	134 (57)	139 (59)	144 (62)	158 (70)
41	4900 (33800)	126 (52)	129 (54)	135 (57)	140 (60)	146 (63)	160 (71)
加热速率，℉（℃）/min		1.12 (0.62)	1.20 (0.67)	1.34 (0.74)	1.46 (0.81)	1.61 (0.89)	1.95 (1.08)
加压速率，psi/min（kPa/min）		106 (732)					
到达最终条件时间，min		41					

表 2 – 11F　套管模拟注水泥（方案 9.7s）

井深：10000ft（3050m）；钻井液密度：10.9lb/gal（1.31g/cm³）

1	2	3	4	5	6	7	8
时间 min	压力 psi (kPa)	温度梯度，℉/100ft（℃/100m）					
		0.9 (1.6)	1.1 (2.0)	1.3 (2.4)	1.5 (2.7)	1.7 (3.1)	1.9 (3.5)
		温度，℉（℃）					
0	650 (4500)	80 (27)	80 (27)	80 (27)	80 (27)	80 (27)	80 (27)
2	900 (6200)	82 (28)	83 (28)	83 (28)	83 (28)	84 (29)	85 (29)
4	1100 (7600)	85 (29)	85 (29)	86 (30)	87 (31)	88 (31)	90 (32)
6	1300 (9000)	87 (31)	88 (31)	89 (32)	90 (32)	92 (33)	94 (34)
8	1600 (11000)	90 (32)	91 (33)	92 (33)	94 (34)	96 (36)	99 (37)
10	1800 (12400)	92 (33)	93 (34)	96 (36)	97 (36)	100 (38)	104 (40)
12	2000 (13800)	95 (35)	96 (36)	99 (37)	101 (38)	104 (40)	109 (43)
14	2200 (15200)	97 (36)	98 (37)	102 (39)	104 (40)	108 (42)	114 (46)
16	2500 (17200)	100 (38)	101 (38)	105 (41)	108 (42)	112 (44)	118 (48)
18	2700 (18600)	102 (39)	104 (40)	108 (42)	111 (44)	116 (47)	123 (51)
20	2900 (20000)	104 (40)	106 (41)	111 (44)	115 (46)	120 (49)	128 (53)
22	3100 (21400)	107 (42)	109 (43)	114 (46)	118 (48)	124 (51)	133 (56)
24	3400 (23400)	109 (43)	112 (44)	117 (47)	122 (50)	128 (53)	138 (59)
26	3600 (24800)	112 (44)	114 (46)	121 (49)	125 (52)	132 (56)	142 (61)
28	3800 (26200)	114 (46)	117 (47)	124 (51)	129 (54)	136 (58)	147 (64)
30	4000 (27600)	117 (47)	120 (49)	127 (53)	132 (56)	140 (60)	152 (67)
32	4300 (29600)	119 (48)	122 (50)	130 (54)	136 (58)	144 (62)	157 (69)
34	4500 (31000)	121 (49)	125 (52)	133 (56)	139 (59)	148 (64)	162 (72)
36	4700 (32400)	124 (51)	128 (53)	136 (58)	143 (62)	152 (67)	166 (74)
38	4900 (33800)	126 (52)	130 (54)	139 (59)	146 (63)	156 (69)	171 (77)

1	2	3	4	5	6	7	8
时间 min	压力 psi (kPa)	温度梯度，℉/100ft（℃/100m）					
		0.9 (1.6)	1.1 (2.0)	1.3 (2.4)	1.5 (2.7)	1.7 (3.1)	1.9 (3.5)
		温度，℉（℃）					
40	5200 (35900)	129 (54)	133 (56)	142 (61)	150 (66)	160 (71)	176 (80)
42	5400 (37200)	131 (55)	135 (57)	146 (63)	153 (67)	164 (73)	181 (83)
44	5600 (38600)	134 (57)	138 (59)	149 (65)	157 (69)	168 (76)	186 (86)
46	5800 (40000)	136 (58)	141 (61)	152 (67)	160 (71)	172 (78)	190 (88)
48	6100 (42100)	139 (59)	143 (62)	155 (68)	164 (73)	176 (80)	195 (91)
50	6300 (43400)	141 (61)	146 (63)	158 (70)	167 (75)	180 (82)	200 (93)
加热速率，℉（℃）/min		1.22 (0.68)	1.32 (0.73)	1.56 (0.87)	1.74 (0.97)	2.00 (1.11)	2.40 (1.33)
加压速率，psi/min（kPa/min）		113 (778)					
到达最终条件时间，min		50					

表 2－11G 套管模拟注水泥（方案 9.8s）

井深：12000ft（3660m）；钻井液密度：11.3lb/gal（1.35g/cm³）

1	2	3	4	5	6	7	8
时间 min	压力 psi (kPa)	温度梯度，℉/100ft（℃/100m）					
		0.9 (1.6)	1.1 (2.0)	1.3 (2.4)	1.5 (2.7)	1.7 (3.1)	1.9 (3.5)
		温度，℉（℃）					
0	700 (4800)	80 (27)	80 (27)	80 (27)	80 (27)	80 (27)	80 (27)
2	900 (6200)	82 (28)	83 (28)	84 (29)	84 (29)	85 (29)	85 (29)
4	1200 (8300)	85 (29)	86 (30)	87 (31)	88 (31)	90 (32)	91 (33)
6	1400 (9700)	87 (31)	89 (32)	91 (33)	92 (33)	94 (34)	96 (36)
8	1700 (11700)	89 (32)	92 (33)	94 (34)	97 (36)	99 (37)	102 (39)
10	1900 (13100)	92 (33)	95 (35)	98 (37)	101 (38)	104 (40)	107 (42)
12	2100 (14500)	94 (34)	98 (37)	101 (38)	105 (41)	109 (43)	112 (44)
14	2400 (16500)	96 (36)	101 (38)	105 (41)	109 (43)	113 (45)	118 (48)
16	2600 (17900)	99 (37)	104 (40)	108 (42)	113 (45)	118 (48)	123 (51)
18	2900 (20000)	101 (38)	106 (41)	112 (44)	117 (47)	123 (51)	129 (54)
20	3100 (21400)	103 (39)	109 (43)	116 (47)	122 (50)	128 (53)	134 (57)
22	3400 (23400)	106 (41)	112 (44)	119 (48)	126 (52)	133 (56)	139 (59)
24	3600 (24800)	108 (42)	115 (46)	123 (51)	130 (54)	137 (58)	145 (63)
26	3800 (26200)	110 (43)	118 (48)	126 (52)	134 (57)	142 (61)	150 (66)
28	4100 (28300)	113 (45)	121 (49)	130 (54)	138 (59)	147 (64)	155 (68)
30	4300 (29600)	115 (46)	124 (51)	133 (56)	142 (61)	152 (67)	161 (72)
32	4600 (31700)	117 (47)	127 (53)	137 (58)	147 (64)	156 (69)	166 (74)
34	4800 (33100)	120 (49)	130 (54)	140 (60)	151 (66)	161 (72)	172 (78)

1	2	3	4	5	6	7	8
时间 min	压力 psi (kPa)	温度梯度，℉/100ft（℃/100m）					
		0.9 (1.6)	1.1 (2.0)	1.3 (2.4)	1.5 (2.7)	1.7 (3.1)	1.9 (3.5)
		温度，℉（℃）					
36	5000 (34500)	122 (50)	133 (56)	144 (62)	155 (68)	166 (74)	177 (81)
38	5300 (36500)	124 (51)	136 (58)	148 (64)	159 (71)	171 (77)	182 (83)
40	5500 (37900)	127 (53)	139 (59)	151 (66)	163 (73)	176 (80)	188 (87)
42	5800 (40000)	129 (54)	142 (61)	155 (68)	167 (75)	180 (82)	193 (89)
44	6000 (41400)	131 (55)	145 (63)	158 (70)	172 (78)	185 (85)	199 (93)
46	6300 (43400)	134 (57)	148 (64)	162 (72)	176 (80)	190 (88)	204 (96)
48	6500 (44800)	136 (58)	151 (66)	165 (74)	180 (82)	195 (91)	209 (98)
50	6700 (46200)	138 (59)	154 (68)	169 (76)	184 (84)	199 (93)	215 (102)
52	7000 (48300)	141 (61)	156 (69)	172 (78)	188 (87)	204 (96)	220 (104)
54	7200 (49600)	143 (62)	159 (71)	176 (80)	192 (89)	209 (98)	226 (108)
56	7500 (51700)	145 (63)	162 (72)	180 (82)	197 (92)	214 (101)	231 (111)
58	7700 (53100)	148 (64)	165 (74)	183 (84)	201 (94)	219 (104)	236 (113)
加热速率，℉（℃）/min		1.17 (0.65)	1.47 (0.82)	1.78 (0.99)	2.09 (1.16)	2.40 (1.33)	2.69 (1.49)
加压速率，psi/min (kPa/min)	121 (833)						
到达最终条件时间，min	58						

表 2-11H 套管模拟注水泥（方案 9.9s）

井深：14000ft（4270m）；钻井液密度：11.8lb/gal（1.41g/cm³）

1	2	3	4	5	6	7	8
时间 min	压力 psi (kPa)	温度梯度，℉/100ft（℃/100m）					
		0.9 (1.6)	1.1 (2.0)	1.3 (2.4)	1.5 (2.7)	1.7 (3.1)	1.9 (3.5)
		温度，℉（℃）					
0	800 (5500)	80 (27)	80 (27)	80 (27)	80 (27)	80 (27)	80 (27)
2	1100 (7600)	83 (28)	83 (28)	84 (29)	84 (29)	85 (29)	86 (30)
4	1300 (9000)	85 (29)	86 (30)	88 (31)	89 (32)	90 (32)	92 (33)
6	1600 (11000)	88 (31)	90 (32)	92 (33)	93 (34)	95 (35)	97 (36)
8	1800 (12400)	90 (32)	93 (34)	95 (35)	98 (37)	101 (38)	103 (39)
10	2100 (14500)	93 (34)	96 (36)	99 (37)	102 (39)	106 (41)	109 (43)
12	2400 (16500)	95 (35)	99 (37)	103 (39)	107 (42)	111 (44)	115 (46)
14	2600 (17900)	98 (37)	102 (39)	107 (42)	111 (44)	116 (47)	121 (49)
16	2900 (20000)	100 (38)	106 (41)	111 (44)	116 (47)	121 (49)	126 (52)
18	3100 (21400)	103 (39)	109 (43)	115 (46)	120 (49)	126 (52)	132 (56)
20	3400 (23400)	105 (41)	112 (44)	118 (48)	125 (52)	132 (56)	138 (59)
22	3700 (25500)	108 (42)	115 (46)	122 (50)	129 (54)	137 (58)	144 (62)

1	2	3	4	5	6	7	8
时间 min	压力 psi（kPa）	温度梯度，℉/100ft（℃/100m）					
		0.9（1.6）	1.1（2.0）	1.3（2.4）	1.5（2.7）	1.7（3.1）	1.9（3.5）
		温度，℉（℃）					
24	3900（26900）	111（44）	118（48）	126（52）	134（57）	142（61）	150（66）
26	4200（29000）	113（45）	122（50）	130（54）	138（59）	147（64）	155（68）
28	4400（30300）	116（47）	125（52）	134（57）	143（62）	152（67）	161（72）
30	4700（32400）	118（48）	128（53）	138（59）	147（64）	157（69）	167（75）
32	5000（34500）	121（49）	131（55）	142（61）	152（67）	162（72）	173（78）
34	5200（35900）	123（51）	134（57）	145（63）	156（69）	168（76）	179（82）
36	5500（37900）	126（52）	138（59）	149（65）	161（72）	173（78）	184（84）
38	5800（40000）	128（53）	141（61）	153（67）	165（74）	178（81）	190（88）
40	6000（41400）	131（55）	144（62）	157（69）	170（77）	183（84）	196（91）
42	6300（43400）	133（56）	147（64）	161（72）	174（79）	188（87）	202（94）
44	6500（44800）	136（58）	150（66）	165（74）	179（82）	193（89）	208（98）
46	6800（46900）	139（59）	154（68）	168（76）	183（84）	198（92）	213（101）
48	7100（49000）	141（61）	157（69）	172（78）	188（87）	204（96）	219（104）
50	7300（50300）	144（62）	160（71）	176（80）	192（89）	209（98）	225（107）
52	7600（52400）	146（63）	163（73）	180（82）	197（92）	214（101）	231（111）
54	7800（53800）	149（65）	166（74）	184（84）	201（94）	219（104）	237（114）
56	8100（55800）	151（66）	169（76）	188（87）	206（97）	224（107）	242（117）
58	8400（57900）	154（68）	173（78）	192（89）	210（99）	229（109）	248（120）
60	8600（59300）	156（69）	176（80）	195（91）	215（102）	235（113）	254（123）
62	8900（61400）	159（71）	179（82）	199（93）	219（104）	240（116）	260（127）
64	9100（62700）	161（72）	182（83）	203（95）	224（107）	245（1180）	266（130）
66	9400（64800）	164（73）	185（85）	207（97）	228（109）	250（121）	271（133）
加热速率，℉（℃）/min		1.27（0.71）	1.59（0.88）	1.92（1.07）	2.24（1.24）	2.58（1.43）	2.89（1.61）
加压速率，psi/min （kPa/min）		130（898）					
到达最终条件时间，min		66					

表2-11I 套管模拟注水泥（方案9.10s）

井深：16000ft（4880m）；钻井液密度：12.3lb/gal（1.47g/cm³）

1	2	3	4	5	6	7	8
时间 min	压力 psi（kPa）	温度梯度，℉/100ft（℃/100m）					
		0.9（1.6）	1.1（2.0）	1.3（2.4）	1.5（2.7）	1.7（3.1）	1.9（3.5）
		温度，℉（℃）					
0	900（6200）	80（27）	80（27）	80（27）	80（27）	80（27）	80（27）
2	1200（8300）	83（28）	83（28）	84（29）	85（29）	86（30）	86（30）

1	2	3	4	5	6	7	8
时间 min	压力 psi (kPa)	温度梯度，℉/100ft（℃/100m）					
		0.9 (1.6)	1.1 (2.0)	1.3 (2.4)	1.5 (2.7)	1.7 (3.1)	1.9 (3.5)
		温度，℉（℃）					
4	1500 (10300)	85 (29)	87 (31)	88 (31)	90 (32)	91 (33)	92 (33)
6	1700 (11700)	88 (31)	90 (32)	92 (33)	94 (34)	97 (36)	99 (37)
8	2000 (13800)	91 (33)	94 (34)	97 (36)	99 (37)	102 (39)	105 (41)
10	2300 (15900)	94 (34)	97 (36)	101 (38)	104 (40)	108 (42)	111 (44)
12	2600 (17900)	96 (36)	101 (38)	105 (41)	109 (43)	113 (45)	117 (47)
14	2800 (19300)	99 (37)	104 (40)	109 (43)	114 (46)	119 (48)	123 (51)
16	3100 (21400)	102 (39)	108 (42)	113 (45)	119 (48)	124 (51)	130 (54)
18	3400 (23400)	105 (41)	111 (44)	117 (47)	123 (51)	130 (54)	136 (58)
20	3700 (25500)	107 (42)	114 (46)	121 (49)	128 (53)	135 (57)	142 (61)
22	3900 (26900)	110 (43)	118 (48)	125 (52)	133 (56)	141 (61)	148 (64)
24	4200 (29000)	113 (45)	121 (49)	130 (54)	138 (59)	146 (63)	154 (68)
26	4500 (31000)	116 (47)	125 (52)	134 (57)	143 (62)	152 (67)	161 (72)
28	4800 (33100)	118 (48)	128 (53)	138 (59)	147 (64)	157 (69)	167 (75)
30	5000 (34500)	121 (49)	132 (56)	142 (61)	152 (67)	163 (73)	173 (78)
32	5300 (36500)	124 (51)	135 (57)	146 (63)	157 (69)	168 (76)	179 (82)
34	5600 (38600)	127 (53)	138 (59)	150 (66)	162 (72)	174 (79)	185 (85)
36	5900 (40700)	129 (54)	142 (61)	154 (68)	167 (75)	179 (82)	192 (89)
38	6100 (42100)	132 (56)	145 (63)	158 (70)	172 (78)	185 (85)	198 (92)
40	6400 (44100)	135 (57)	149 (65)	163 (73)	176 (80)	190 (88)	204 (96)
42	6700 (46200)	138 (59)	152 (67)	167 (75)	181 (83)	196 (91)	210 (99)
44	7000 (48300)	140 (60)	156 (69)	171 (77)	186 (86)	201 (94)	216 (102)
46	7200 (49600)	143 (62)	159 (71)	175 (79)	191 (88)	207 (97)	223 (106)
48	7500 (51700)	146 (63)	163 (73)	179 (82)	196 (91)	212 (100)	229 (109)
50	7800 (53800)	149 (65)	166 (74)	183 (84)	200 (93)	218 (103)	235 (113)
52	8100 (55800)	151 (66)	169 (76)	187 (86)	205 (96)	223 (106)	241 (116)
54	8300 (57200)	154 (68)	173 (78)	191 (88)	210 (99)	229 (109)	247 (119)
56	8600 (59300)	157 (69)	176 (80)	196 (91)	215 (102)	234 (112)	254 (123)
58	8900 (61400)	160 (71)	180 (82)	200 (93)	220 (104)	240 (116)	260 (127)
60	9200 (63400)	162 (72)	183 (84)	204 (96)	225 (107)	245 (118)	266 (130)
62	9400 (64800)	165 (74)	187 (86)	208 (98)	229 (109)	251 (122)	272 (133)
64	9700 (66900)	168 (76)	190 (88)	212 (100)	234 (112)	256 (124)	278 (137)
66	10000 (68900)	171 (77)	193 (89)	216 (102)	239 (115)	262 (128)	285 (141)
68	10300 (71000)	173 (78)	197 (92)	220 (104)	244 (118)	267 (131)	291 (144)
70	10500 (72400)	176 (80)	200 (93)	225 (107)	249 (121)	273 (134)	297 (147)

1	2	3	4	5	6	7	8
时间 min	压力 psi（kPa）	温度梯度，℉/100ft（℃/100m）					
		0.9 (1.6)	1.1 (2.0)	1.3 (2.4)	1.5 (2.7)	1.7 (3.1)	1.9 (3.5)
		温度，℉（℃）					
72	10800 (74500)	179 (82)	204 (96)	229 (109)	253 (123)	278 (137)	303 (151)
加热速率，℉（℃）/min		1.38 (0.77)	1.72 (0.96)	2.07 (1.15)	2.41 (1.34)	2.76 (1.53)	3.09 (1.72)
加压速率，psi/min （kPa/min）		138 (950)					
到达最终条件时间，min		74					

表 2－11J 套管模拟注水泥（方案 9.11s）

井深：18000ft（5490m）；钻井液密度：12.8lb/gal（1.53g/cm³）

1	2	3	4	5	6	7	8
时间 min	压力 psi（kPa）	温度梯度，℉/100ft（℃/100m）					
		0.9 (1.6)	1.1 (2.0)	1.3 (2.4)	1.5 (2.7)	1.7 (3.1)	1.9 (3.5)
		温度，℉（℃）					
0	1000 (6900)	80 (27)	80 (27)	80 (27)	80 (27)	80 (27)	80 (27)
2	1300 (9000)	83 (28)	84 (29)	84 (29)	85 (29)	86 (30)	87 (31)
4	1600 (11000)	86 (30)	87 (31)	89 (32)	90 (32)	92 (33)	93 (34)
6	1900 (13100)	89 (32)	91 (33)	93 (34)	95 (35)	98 (37)	100 (38)
8	2200 (15200)	92 (33)	95 (35)	98 (37)	101 (38)	103 (39)	106 (41)
10	2500 (17200)	95 (35)	98 (37)	102 (39)	106 (41)	109 (43)	113 (45)
12	2800 (19300)	98 (37)	102 (39)	106 (41)	111 (44)	115 (46)	120 (49)
14	3000 (20700)	101 (38)	106 (41)	111 (44)	116 (47)	121 (49)	126 (52)
16	3300 (22800)	104 (40)	109 (43)	115 (46)	121 (49)	127 (53)	133 (56)
18	3600 (24800)	107 (42)	113 (45)	120 (49)	126 (52)	133 (56)	139 (59)
20	3900 (26900)	109 (43)	117 (47)	124 (51)	131 (55)	139 (59)	146 (63)
22	4200 (29000)	112 (44)	120 (49)	128 (53)	137 (58)	145 (63)	153 (67)
24	4500 (31000)	115 (46)	124 (51)	133 (56)	142 (61)	150 (66)	159 (71)
26	4800 (33100)	118 (48)	128 (53)	137 (58)	147 (64)	156 (69)	166 (74)
28	5100 (35200)	121 (49)	131 (55)	142 (61)	152 (67)	162 (72)	172 (78)
30	5400 (37200)	124 (51)	135 (57)	146 (63)	157 (69)	168 (76)	179 (82)
32	5700 (39300)	127 (53)	139 (59)	151 (66)	162 (72)	174 (79)	186 (86)
34	6000 (41400)	130 (54)	143 (62)	155 (68)	167 (75)	180 (82)	192 (89)
36	6300 (43400)	133 (56)	146 (63)	159 (71)	172 (78)	186 (86)	199 (93)
38	6600 (45500)	136 (58)	150 (66)	164 (73)	178 (81)	191 (88)	205 (96)
40	6900 (47600)	139 (59)	154 (68)	168 (76)	183 (84)	197 (92)	212 (100)
42	7100 (49000)	142 (61)	157 (69)	173 (78)	188 (87)	203 (95)	219 (104)
44	7400 (51000)	145 (63)	161 (72)	177 (81)	193 (89)	209 (98)	225 (107)

1	2	3	4	5	6	7	8
时间 min	压力 psi (kPa)	温度梯度，℉/100ft（℃/100m）					
		0.9 (1.6)	1.1 (2.0)	1.3 (2.4)	1.5 (2.7)	1.7 (3.1)	1.9 (3.5)
		温度，℉（℃）					
46	7700 (53100)	148 (64)	165 (74)	181 (83)	198 (92)	215 (102)	232 (111)
48	8000 (55200)	151 (66)	168 (76)	186 (86)	203 (95)	221 (105)	238 (114)
50	8300 (57200)	154 (68)	172 (78)	190 (88)	208 (98)	227 (108)	245 (118)
52	8600 (59300)	157 (69)	176 (80)	195 (91)	214 (101)	233 (112)	252 (122)
54	8900 (61400)	160 (71)	179 (80)	199 (93)	219 (104)	238 (114)	258 (126)
56	9200 (63400)	163 (73)	183 (84)	203 (95)	224 (107)	244 (118)	265 (129)
58	9500 (65500)	165 (74)	187 (86)	208 (98)	229 (109)	250 (121)	271 (133)
60	9800 (67600)	168 (76)	190 (88)	212 (100)	234 (112)	256 (124)	278 (137)
62	10100 (69600)	171 (77)	194 (90)	217 (103)	239 (115)	262 (128)	285 (141)
64	10400 (71700)	174 (79)	198 (92)	221 (105)	244 (118)	268 (131)	291 (144)
66	10700 (73800)	177 (81)	201 (94)	225 (107)	250 (121)	274 (134)	298 (148)
68	11000 (75800)	180 (782)	205 (96)	230 (110)	255 (124)	279 (137)	304 (151)
70	11200 (77200)	183 (84)	209 (98)	234 (112)	260 (127)	285 (141)	311 (155)
72	11500 (79300)	186 (86)	212 (100)	239 (115)	265 (129)	291 (144)	317 (158)
74	11800 (81400)	189 (87)	216 (102)	243 (117)	270 (132)	297 (147)	324 (162)
76	12100 (83400)	192 (89)	220 (104)	247 (119)	275 (135)	303 (151)	331 (166)
78	12400 (85500)	195 (91)	223 (106)	252 (122)	280 (138)	309 (154)	337 (169)
80	12700 (87600)	198 (92)	227 (108)	256 (124)	285 (141)	315 (157)	344 (173)
82	13000 (89600)	201 (94)	231 (111)	261 (127)	291 (144)	321 (161)	350 (177)
加热速率，℉（℃）/min		1.48 (0.82)	1.84 (1.02)	2.21 (1.23)	2.57 (1.43)	2.94 (1.63)	3.29 (1.83)
加压速率，psi/min（kPa/min）		146 (1009)					
到达最终条件时间，min		82					

表 2-11K 套管模拟注水泥（方案 9.12s）

井深：20000ft（6100m）；钻井液密度：13.3lb/gal（1.59g/cm³）

1	2	3	4	5	6	7	8
时间 min	压力 psi (kPa)	温度梯度，℉/100ft（℃/100m）					
		0.9 (1.6)	1.1 (2.0)	1.3 (2.4)	1.5 (2.7)	1.7 (3.1)	1.9 (3.5)
		温度，℉（℃）					
0	1050 (7200)	80 (27)	80 (27)	80 (27)	80 (27)	80 (27)	80 (27)
2	1400 (9700)	83 (28)	84 (29)	85 (29)	85 (29)	86 (30)	87 (31)
4	1700 (11700)	86 (30)	88 (31)	89 (32)	91 (33)	92 (33)	94 (34)
6	2000 (13800)	89 (32)	92 (33)	94 (34)	96 (36)	99 (37)	101 (38)
8	2300 (15900)	93 (34)	96 (36)	99 (37)	102 (39)	105 (41)	108 (42)

1	2	3	4	5	6	7	8
时间 min	压力 psi (kPa)	温度梯度，℉/100ft（℃/100m）					
		0.9 (1.6)	1.1 (2.0)	1.3 (2.4)	1.5 (2.7)	1.7 (3.1)	1.9 (3.5)
		温度，℉（℃）					
10	2600 (17900)	96 (36)	100 (38)	103 (39)	107 (42)	111 (44)	115 (46)
12	2900 (20000)	99 (37)	104 (40)	108 (42)	113 (45)	117 (47)	122 (50)
14	3200 (22100)	102 (39)	107 (42)	113 (45)	118 (48)	124 (51)	129 (54)
16	3500 (24100)	105 (41)	111 (44)	118 (48)	124 (51)	130 (54)	136 (58)
18	3800 (26200)	108 (42)	115 (46)	122 (50)	129 (54)	136 (58)	143 (62)
20	4100 (28300)	111 (44)	119 (48)	127 (53)	135 (57)	142 (61)	150 (66)
22	4400 (30300)	115 (46)	123 (51)	132 (56)	140 (60)	149 (65)	157 (69)
24	4700 (32400)	118 (48)	127 (53)	136 (58)	146 (63)	155 (68)	164 (73)
26	5100 (35200)	121 (49)	131 (55)	141 (61)	151 (66)	161 (72)	171 (77)
28	5400 (37200)	124 (51)	135 (57)	146 (63)	156 (69)	167 (75)	178 (81)
30	5700 (39300)	127 (53)	139 (59)	150 (66)	162 (72)	173 (78)	185 (85)
32	6000 (41400)	130 (54)	143 (62)	155 (68)	167 (75)	180 (82)	192 (89)
34	6300 (43400)	134 (57)	147 (64)	160 (71)	173 (78)	186 (86)	199 (93)
36	6600 (45500)	137 (58)	151 (66)	164 (73)	178 (81)	192 (89)	206 (97)
38	6900 (47600)	140 (60)	154 (68)	169 (76)	184 (84)	198 (92)	213 (101)
40	7200 (49600)	143 (62)	158 (70)	174 (79)	189 (87)	205 (96)	220 (104)
42	7500 (51700)	146 (63)	162 (72)	178 (81)	195 (91)	211 (99)	227 (108)
44	7800 (53800)	149 (65)	166 (74)	183 (84)	200 (93)	217 (103)	234 (112)
46	8100 (55800)	152 (67)	170 (77)	188 (87)	206 (97)	223 (106)	241 (116)
48	8100 (55800)	152 (67)	170 (77)	188 (87)	206 (97)	223 (106)	241 (116)
50	8400 (57900)	156 (69)	174 (79)	193 (89)	211 (99)	230 (110)	248 (120)
52	8700 (60000)	159 (71)	178 (81)	197 (92)	217 (103)	236 (113)	255 (124)
54	9100 (62700)	162 (72)	182 (83)	202 (94)	222 (106)	242 (117)	262 (128)
56	9400 (64800)	165 (74)	186 (86)	207 (97)	227 (108)	248 (120)	269 (132)
58	9700 (66900)	168 (76)	190 (88)	211 (99)	233 (112)	254 (123)	276 (136)
60	10000 (68900)	171 (77)	194 (90)	216 (102)	238 (114)	261 (127)	283 (139)
62	10300 (71000)	174 (79)	198 (92)	221 (105)	244 (118)	267 (131)	290 (143)
64	10600 (73100)	178 (81)	201 (94)	225 (107)	249 (121)	273 (134)	297 (147)
66	10900 (75200)	181 (83)	205 (96)	230 (110)	255 (124)	279 (137)	304 (151)
68	11200 (77200)	184 (84)	209 (98)	235 (113)	260 (127)	286 (141)	311 (155)
70	11500 (79300)	187 (86)	213 (101)	239 (115)	266 (130)	292 (144)	318 (159)
72	11800 (81400)	190 (88)	217 (103)	244 (118)	271 (133)	298 (148)	325 (163)
73	12100 (83400)	193 (89)	221 (105)	249 (121)	277 (136)	304 (151)	332 (167)
74	12400 (85500)	196 (91)	225 (107)	254 (123)	282 (139)	311 (155)	339 (171)

1	2	3	4	5	6	7	8
时间 min	压力 psi（kPa）	温度梯度，℉/100ft（℃/100m）					
		0.9（1.6）	1.1（2.0）	1.3（2.4）	1.5（2.7）	1.7（3.1）	1.9（3.5）
		温度，℉（℃）					
76	12700（87600）	200（93）	229（109）	258（126）	287（142）	317（158）	346（174）
78	13100（90300）	203（95）	233（112）	263（128）	293（145）	323（162）	353（178）
80	13400（92400）	206（97）	237（114）	268（131）	298（148）	329（165）	360（182）
82	13700（94500）	209（98）	241（116）	272（133）	304（151）	335（168）	367（186）
加热速率，℉（℃）/min		1.58（0.88）	1.96（1.09）	2.34（1.30）	2.73（1.52）	3.11（1.73）	3.50（1.94）
加压速率，psi/min（kPa/min）		154（1061）					
到达最终条件时间，min		90					

表 2 – 11L 套管模拟注水泥（方案 9.13s）

井深：22000ft（6710m）；钻井液密度：13.8lb/gal（1.65g/cm³）

1	2	3	4	5	6	7	8
时间 min	压力 psi（kPa）	温度梯度，℉/100ft（℃/100m）					
		0.9（1.6）	1.1（2.0）	1.3（2.4）	1.5（2.7）	1.7（3.1）	1.9（3.5）
		温度，℉（℃）					
0	1150（7900）	80（27）	80（27）	80（27）	80（27）	80（27）	80（27）
2	1500（10300）	83（28）	84（29）	85（29）	86（30）	87（31）	87（31）
4	1800（12400）	87（31）	88（31）	90（32）	92（33）	93（34）	95（35）
6	2100（14500）	90（32）	93（34）	95（35）	97（36）	100（38）	102（39）
8	2400（16500）	93（34）	97（36）	100（38）	103（39）	106（41）	110（43）
10	2800（19300）	97（36）	101（38）	105（41）	109（43）	113（45）	117（47）
12	3100（21400）	100（38）	105（41）	110（43）	115（46）	120（49）	125（52）
14	3400（23400）	103（39）	109（43）	115（46）	121（49）	126（52）	132（56）
16	3700（25500）	107（42）	113（45）	120（49）	126（52）	133（56）	139（59）
18	4000（27600）	110（43）	118（48）	125（52）	132（56）	139（59）	147（64）
20	4400（30300）	114（46）	122（50）	130（54）	138（59）	146（63）	154（68）
22	4700（32400）	117（47）	126（52）	135（57）	144（62）	153（67）	162（72）
24	5000（34500）	120（49）	130（54）	140（60）	150（66）	159（71）	169（76）
26	5300（36500）	124（51）	134（57）	145（63）	155（68）	166（74）	176（80）
28	5700（39300）	127（53）	138（59）	150（66）	161（72）	173（78）	184（84）
30	6000（41400）	130（54）	143（62）	155（68）	167（75）	179（82）	191（88）
32	6300（43400）	134（57）	147（64）	160（71）	173（78）	186（86）	199（93）
34	6600（45500）	137（58）	151（66）	165（74）	179（82）	192（89）	206（97）
36	6900（47600）	140（60）	155（68）	170（77）	184（84）	199（93）	214（101）
38	7300（50300）	144（62）	159（71）	175（79）	190（88）	206（97）	221（105）

1	2	3	4	5	6	7	8
时间 min	压力 psi（kPa）	温度梯度，℉/100ft（℃/100m）					
		0.9（1.6）	1.1（2.0）	1.3（2.4）	1.5（2.7）	1.7（3.1）	1.9（3.5）
		温度，℉（℃）					
40	7600（52400）	147（64）	163（73）	180（82）	196（91）	212（100）	228（109）
42	7900（54500）	150（66）	168（76）	185（85）	202（94）	219（104）	236（113）
44	8200（56500）	154（68）	172（78）	190（88）	207（97）	225（107）	243（117）
46	8500（58600）	157（69）	176（80）	195（91）	213（101）	232（111）	251（122）
48	8900（61400）	160（71）	180（82）	200（93）	219（104）	239（115）	258（126）
50	9200（63400）	164（73）	184（84）	205（96）	225（107）	245（118）	266（130）
52	9500（65500）	167（75）	188（87）	210（99）	231（111）	252（122）	273（134）
54	9800（67600）	171（77）	193（89）	214（101）	236（113）	258（126）	280（138）
56	10200（70300）	174（79）	197（92）	219（104）	242（117）	265（129）	288（142）
58	10500（72400）	177（81）	201（94）	224（107）	248（120）	272（133）	295（146）
60	10800（74500）	181（83）	205（96）	229（109）	254（123）	278（137）	303（151）
62	11100（76500）	184（84）	209（98）	234（112）	260（127）	285（141）	310（154）
64	11400（78600）	187（86）	213（101）	239（115）	265（129）	291（144）	318（159）
66	11800（81400）	191（88）	218（103）	244（118）	271（133）	298（148）	325（163）
68	12100（83400）	194（90）	222（106）	249（121）	277（136）	305（152）	332（167）
70	12400（85500）	197（92）	226（108）	254（123）	283（139）	311（155）	340（171）
72	12700（87600）	201（94）	230（110）	259（126）	289（143）	318（159）	347（175）
74	13000（89600）	204（96）	234（112）	264（129）	294（146）	325（163）	355（179）
76	13400（92400）	207（97）	238（114）	269（132）	300（149）	331（166）	362（183）
78	13700（94500）	211（99）	243（117）	274（134）	306（152）	338（170）	369（187）
80	14000（96500）	214（101）	247（119）	279（137）	312（156）	344（173）	377（192）
82	14300（98600）	218（103）	251（122）	284（140）	318（159）	351（177）	384（196）
84	14700（101400）	221（105）	255（124）	289（143）	323（162）	358（181）	392（200）
86	15000（103400）	224（107）	259（126）	294（146）	329（165）	364（184）	399（204）
88	15300（105500）	228（109）	263（128）	299（148）	335（168）	371（188）	407（208）
90	15600（107600）	231（111）	268（131）	304（151）	341（172）	377（192）	414（212）
92	15900（109600）	234（112）	272（133）	309（154）	347（175）	384（196）	421（216）
94	16300（112400）	238（114）	276（136）	314（157）	352（178）	391（199）	429（221）
96	16600（114500）	241（116）	280（138）	319（159）	358（181）	397（203）	436（224）
98	16900（116500）	244（118）	284（140）	324（162）	364（184）	404（207）	444（229）
加热速率，℉（℃）/min		1.67（0.93）	2.08（1.16）	2.49（1.38）	2.90（1.61）	3.31（1.84）	3.71（2.06）
加压速率，psi/min （kPa/min）		161（1108）					
到达最终条件时间，min		98					

表 2 – 12A 尾管模拟注水泥 (方案 9.14s)

井深：1000ft (305m)；钻井液密度：8.7lb/gal (1.04g/cm³)

1	2	3	4	5	6	7	8
时间 min	压力 psi (kPa)	温度梯度，℉/100ft (℃/100m)					
		0.9 (1.6)	1.1 (2.0)	1.3 (2.4)	1.5 (2.7)	1.7 (3.1)	1.9 (3.5)
		温度，℉ (℃)					
0	250 (1700)	80 (27)	80 (27)	80 (27)	80 (27)	80 (27)	80 (27)
2	300 (2100)	80 (27)	80 (27)	80 (27)	80 (27)	80 (27)	80 (27)
4	400 (2800)	80 (27)	80 (27)	80 (27)	80 (27)	80 (27)	80 (27)
6	500 (3400)	80 (27)	80 (27)	80 (27)	80 (27)	80 (27)	80 (27)
8	600 (4100)	80 (27)	80 (27)	80 (27)	80 (27)	80 (27)	80 (27)
10	700 (4800)	80 (27)	80 (27)	80 (27)	80 (27)	80 (27)	80 (27)
11	700 (4800)	80 (27)	80 (27)	80 (27)	80 (27)	80 (27)	80 (27)
加热速率，℉ (℃) /min		0.00 (0.00)	0.00 (0.00)	0.00 (0.00)	0.00 (0.00)	0.00 (0.00)	0.00 (0.00)
加压速率，psi/min (kPa/min)		41 (282)					
到达最终条件时间，min		11					

表 2 – 12B 尾管模拟注水泥 (方案 9.15s)

井深：2000ft (610m)；钻井液密度：8.9lb/gal (1.07g/cm³)

1	2	3	4	5	6	7	8
时间 min	压力 psi (kPa)	温度梯度，℉/100ft (℃/100m)					
		0.9 (1.6)	1.1 (2.0)	1.3 (2.4)	1.5 (2.7)	1.7 (3.1)	1.9 (3.5)
		温度，℉ (℃)					
0	300 (2100)	80 (27)	80 (27)	80 (27)	80 (27)	80 (27)	80 (27)
2	400 (2800)	81 (27)	81 (27)	81 (27)	81 (27)	82 (28)	82 (28)
4	600 (4100)	83 (28)	83 (28)	83 (28)	83 (28)	83 (28)	83 (28)
6	700 (4800)	84 (29)	84 (29)	84 (29)	84 (29)	85 (29)	85 (29)
8	800 (5500)	85 (29)	85 (29)	86 (30)	86 (30)	86 (30)	86 (30)
10	900 (6200)	86 (30)	86 (30)	87 (31)	87 (31)	88 (31)	88 (31)
12	1100 (7600)	88 (31)	88 (31)	89 (32)	89 (32)	89 (32)	89 (32)
14	1200 (8300)	89 (32)	89 (32)	90 (32)	90 (32)	91 (33)	91 (33)
加热速率，℉ (℃) /min		064 (0.36)	0.64 (0.36)	0.71 (0.39)	0.71 (0.39)	0.79 (0.44)	0.79 (0.44)
加压速率，psi/min (kPa/min)		64 (443)					
到达最终条件时间，min		14					

表 2－12C　尾管模拟注水泥（方案 9.16s）

井深：4000ft（1220m）；钻井液密度：9.4lb/gal（1.13g/cm³）

1	2	3	4	5	6	7	8
时间 min	压力 psi（kPa）	温度梯度，℉/100ft（℃/100m）					
		0.9（1.6）	1.1（2.0）	1.3（2.4）	1.5（2.7）	1.7（3.1）	1.9（3.5）
		温度，℉（℃）					
0	400（2800）	80（27）	80（27）	80（27）	80（27）	80（27）	80（27）
2	600（4100）	82（28）	82（28）	82（28）	82（28）	82（28）	82（28）
4	800（5500）	84（29）	84（29）	84（29）	84（29）	85（29）	85（29）
6	1000（6900）	86（30）	86（30）	86（30）	87（31）	87（31）	87（31）
8	1200（8300）	88（31）	88（31）	88（31）	89（32）	89（32）	90（32）
10	1400（9700）	90（32）	90（32）	91（33）	91（33）	92（33）	92（33）
12	1600（11000）	91（33）	92（33）	93（34）	93（34）	94（34）	94（34）
14	1800（12400）	93（34）	94（34）	95（35）	95（35）	96（36）	97（36）
16	2000（13800）	95（35）	96（36）	97（36）	98（37）	98（37）	99（37）
18	2200（15200）	97（36）	98（37）	99（37）	100（38）	101（38）	102（39）
20	2400（16500）	99（37）	100（38）	101（38）	102（39）	103（39）	104（40）
加热速率，℉（℃）/min		0.95（0.53）	1.00（0.56）	1.05（0.58）	1.10（0.61）	1.15（0.64）	1.20（0.67）
加压速率，psi/min（kPa/min）		100（685）					
到达最终条件时间，min		20					

表 2－12D　尾管模拟注水泥（方案 9.17s）

井深：6000ft（1830m）；钻井液密度：9.9lb/gal（1.19g/cm³）

1	2	3	4	5	6	7	8
时间 min	压力 psi（kPa）	温度梯度，℉/100ft（℃/100m）					
		0.9（1.6）	1.1（2.0）	1.3（2.4）	1.5（2.7）	1.7（3.1）	1.9（3.5）
		温度，℉（℃）					
0	550（3800）	80（27）	80（27）	80（27）	80（27）	80（27）	80（27）
2	800（5500）	82（28）	83（28）	83（28）	83（28）	83（28）	84（28）
4	1000（6900）	85（29）	85（29）	86（30）	86（30）	86（30）	87（31）
6	1300（9000）	87（31）	88（31）	88（31）	89（32）	89（32）	91（33）
8	1500（10300）	90（32）	90（32）	91（33）	92（33）	92（33）	94（34）
10	1700（11700）	92（33）	93（34）	94（34）	95（35）	95（35）	98（37）
12	2000（13800）	95（35）	96（36）	97（36）	98（37）	98（37）	101（38）
14	2200（15200）	97（36）	98（37）	99（37）	100（38）	102（39）	105（41）
16	2400（16500）	100（38）	101（38）	102（39）	103（39）	105（41）	108（42）
18	2700（18600）	102（39）	104（40）	105（41）	106（41）	108（42）	112（44）
20	2900（20000）	105（41）	106（41）	108（42）	109（43）	111（44）	115（46）
22	3100（21400）	107（42）	109（43）	110（43）	112（44）	114（46）	119（48）

1	2	3	4	5	6	7	8
时间 min	压力 psi（kPa）	温度梯度，℉/100ft（℃/100m）					
		0.9（1.6）	1.1（2.0）	1.3（2.4）	1.5（2.7）	1.7（3.1）	1.9（3.5）
		温度，℉（℃）					
24	3400（23400）	110（43）	111（44）	113（45）	115（46）	117（47）	122（50）
26	3600（24800）	112（44）	114（46）	116（47）	118（48）	120（49）	126（52）
加热速率，℉（℃）/min		1.23（0.68）	1.31（0.73）	1.38（0.77）	1.46（0.81）	1.54（0.86）	1.77（0.98）
加压速率，psi/min （kPa/min）		117（808）					
到达最终条件时间，min		26					

表 2 - 12E 尾管模拟注水泥（方案 9.18s）

井深：8000ft（2440m）；钻井液密度：10.4lb/gal（1.25g/cm³）

1	2	3	4	5	6	7	8
时间 min	压力 psi（kPa）	温度梯度，℉/100ft（℃/100m）					
		0.9（1.6）	1.1（2.0）	1.3（2.4）	1.5（2.7）	1.7（3.1）	1.9（3.5）
		温度，℉（℃）					
0	650（4500）	80（27）	80（27）	80（27）	80（27）	80（27）	80（27）
2	900（6200）	83（28）	83（28）	83（28）	84（29）	84（29）	85（29）
4	1200（8300）	86（30）	86（30）	87（31）	88（31）	88（31）	90（32）
6	1500（10300）	89（32）	89（32）	90（32）	91（33）	92（33）	95（35）
8	1700（11700）	92（33）	92（33）	94（34）	95（35）	97（36）	100（38）
10	2000（13800）	94（34）	95（35）	97（36）	99（37）	101（38）	105（41）
12	2300（15900）	97（36）	98（37）	101（38）	103（39）	105（41）	110（43）
14	2600（17900）	100（38）	101（38）	104（40）	106（41）	109（43）	115（46）
16	2800（19300）	103（39）	105（41）	108（42）	110（43）	113（45）	120（49）
18	3100（21400）	106（41）	108（42）	111（44）	114（46）	117（47）	125（52）
20	3400（23400）	109（43）	111（44）	114（46）	118（48）	121（49）	130（54）
22	3600（24800）	112（44）	114（46）	118（48）	121（49）	125（52）	135（57）
24	3900（26900）	115（46）	117（47）	121（49）	125（52）	130（54）	140（60）
26	4200（29000）	117（47）	120（49）	125（52）	129（54）	134（57）	145（63）
28	4500（31000）	120（49）	123（51）	128（53）	133（56）	138（59）	150（66）
30	4700（32400）	123（51）	126（52）	132（56）	136（58）	142（61）	155（68）
32	5000（34500）	126（52）	129（54）	135（57）	140（60）	146（63）	160（71）
加热速率，℉（℃）/min		1.44（0.80）	1.53（0.85）	1.72（0.96）	1.88（1.04）	2.06（1.14）	2.50（1.39）
加压速率，psi/min （kPa/min）		136（938）					
到达最终条件时间，min		32					

表 2－12F　尾管模拟注水泥（方案 9.19s）

井深：10000ft（3050m）；钻井液密度：10.9lb/gal（1.31g/cm³）

1	2	3	4	5	6	7	8
时间 min	压力 psi（kPa）	温度梯度，℉/100ft（℃/100m）					
		0.9（1.6）	1.1（2.0）	1.3（2.4）	1.5（2.7）	1.7（3.1）	1.9（3.5）
		温度，℉（℃）					
0	800（5500）	80（27）	80（27）	80（27）	80（27）	80（27）	80（27）
2	1100（7600）	83（28）	83（28）	84（29）	85（29）	85（29）	86（30）
4	1400（9700）	86（30）	87（31）	88（31）	89（32）	91（33）	93（34）
6	1700（11700）	90（32）	90（32）	92（33）	94（34）	96（36）	99（37）
8	2000（13800）	93（34）	94（34）	96（36）	98（37）	101（38）	105（41）
10	2300（15900）	96（36）	97（36）	101（38）	103（39）	106（41）	112（44）
12	2600（17900）	99（37）	101（38）	105（41）	107（42）	112（44）	118（48）
14	2900（20000）	102（39）	104（40）	109（43）	112（44）	117（47）	124（51）
16	3200（22100）	106（41）	108（42）	113（45）	117（47）	122（50）	131（55）
18	3500（24100）	109（43）	111（44）	117（47）	121（49）	127（53）	137（58）
20	3800（26200）	112（44）	115（46）	121（49）	126（52）	133（56）	143（62）
22	4100（28300）	115（46）	118（48）	125（52）	130（54）	138（59）	149（65）
24	4400（30300）	119（48）	122（50）	129（54）	135（57）	143（62）	156（69）
26	4700（32400）	122（50）	125（52）	133（56）	140（60）	148（64）	162（72）
28	5000（34500）	125（52）	129（54）	137（58）	144（62）	154（68）	168（76）
30	5300（36500）	128（53）	132（56）	142（61）	149（65）	159（71）	175（79）
32	5600（38600）	131（55）	136（58）	146（63）	153（67）	164（73）	181（83）
34	5900（40700）	135（57）	139（59）	150（66）	158（70）	169（76）	187（86）
36	6200（42700）	138（58）	143（62）	154（68）	162（72）	175（79）	194（90）
38	6500（44800）	141（61）	146（63）	158（70）	167（75）	180（82）	200（93）
加热速率，℉（℃）/min		1.61（0.89）	1.74（0.97）	2.05（1.14）	2.29（1.27）	2.63（1.46）	3.16（1.76）
加压速率，psi/min （kPa/min）		150（1034）					
到达最终条件时间，min		38					

表 2－12G　尾管模拟注水泥（方案 9.20s）

井深：12000ft（3660m）；钻井液密度：11.3lb/gal（1.36g/cm³）

1	2	3	4	5	6	7	8
时间 min	压力 psi（kPa）	温度梯度，℉/100ft（℃/100m）					
		0.9（1.6）	1.1（2.0）	1.3（2.4）	1.5（2.7）	1.7（3.1）	1.9（3.5）
		温度，℉（℃）					
0	900（6200）	80（27）	80（27）	80（27）	80（27）	80（27）	80（27）
2	1200（8300）	83（28）	84（29）	85（29）	86（30）	86（30）	87（31）
4	1600（11000）	86（30）	88（31）	90（32）	91（33）	93（34）	95（35）

1	2	3	4	5	6	7	8
时间 min	压力 psi（kPa）	温度梯度，℉/100ft（℃/100m）					
		0.9（1.6）	1.1（2.0）	1.3（2.4）	1.5（2.7）	1.7（3.1）	1.9（3.5）
		温度，℉（℃）					
6	1900（13100）	89（32）	92（33）	94（34）	97（36）	99（37）	102（39）
8	2200（15200）	93（34）	96（36）	99（37）	102（39）	106（41）	109（43）
10	2500（17200）	96（36）	100（38）	104（40）	108（42）	112（44）	116（47）
12	2900（20000）	99（37）	104（40）	109（43）	114（46）	119（48）	124（51）
14	3200（22100）	102（39）	108（42）	114（46）	119（48）	125（52）	131（55）
16	3500（24100）	105（41）	112（44）	118（48）	125（52）	132（56）	138（59）
18	3800（26200）	108（42）	116（47）	123（51）	131（55）	138（59）	145（63）
20	4200（29000）	111（44）	120（49）	128（53）	136（58）	144（62）	153（67）
22	4500（31000）	115（46）	124（51）	133（56）	142（61）	151（66）	160（71）
24	4800（33100）	118（48）	128（53）	138（59）	147（64）	157（69）	167（75）
26	5100（35200）	121（49）	132（56）	142（61）	153（67）	164（73）	175（79）
28	5500（37900）	124（51）	136（58）	147（64）	159（71）	170（77）	182（83）
30	5800（40000）	127（53）	140（60）	152（67）	164（73）	177（81）	189（87）
32	6100（42100）	130（54）	143（62）	157（69）	170（77）	183（84）	196（91）
34	6400（44100）	133（56）	147（64）	162（72）	176（80）	190（88）	204（96）
36	6800（46900）	137（58）	151（66）	166（74）	181（83）	196（91）	211（99）
38	7100（49000）	140（60）	155（68）	171（77）	187（86）	202（94）	218（103）
40	7400（51000）	143（62）	159（71）	176（80）	192（89）	209（98）	225（107）
42	7700（53100）	146（63）	163（73）	181（83）	198（92）	215（102）	233（112）
43	7900（54500）	148（64）	165（74）	183（84）	201（94）	219（104）	236（113）
加热速率，℉（℃）/min		1.58（0.88）	1.98（1.10）	2.40（1.33）	2.81（1.56）	3.23（1.79）	3.63（2.02）
加压速率，psi/min （kPa/min）		163（1123）					
到达最终条件时间，min		43					

表2-12H 尾管模拟注水泥（方案9.21s）

井深：14000ft（4270m）；钻井液密度：11.8lb/gal（1.41g/cm³）

1	2	3	4	5	6	7	8
时间 min	压力 psi（kPa）	温度梯度，℉/100ft（℃/100m）					
		0.9（1.6）	1.1（2.0）	1.3（2.4）	1.5（2.7）	1.7（3.1）	1.9（3.5）
		温度，℉（℃）					
0	1050（7200）	80（27）	80（27）	80（27）	80（27）	80（27）	80（27）
2	1400（7900）	83（28）	84（29）	85（29）	86（30）	87（31）	88（31）
4	1700（11700）	87（31）	89（32）	90（32）	92（33）	94（34）	96（36）
6	2100（14500）	90（32）	93（34）	96（36）	98（37）	101（38）	103（39）

1	2	3	4	5	6	7	8
时间 min	压力 psi (kPa)	温度梯度，℉/100ft（℃/100m）					
		0.9（1.6）	1.1（2.0）	1.3（2.4）	1.5（2.7）	1.7（3.1）	1.9（3.5）
		温度，℉（℃）					
8	2400（16500）	94（34）	97（36）	101（38）	104（40）	108（42）	111（44）
10	2800（19300）	97（36）	102（39）	106（41）	110（43）	115（46）	119（48）
12	3100（21400）	101（38）	106（41）	111（44）	116（47）	122（50）	127（53）
14	3500（24100）	104（40）	110（43）	116（47）	122（55）	129（54）	135（57）
16	3800（26200）	107（42）	114（46）	121（49）	128（53）	136（58）	143（62）
18	4200（29000）	111（44）	119（48）	127（53）	135（57）	142（61）	150（66）
20	4500（31000）	114（46）	123（51）	132（56）	141（61）	149（65）	158（70）
22	4900（33800）	118（48）	127（53）	137（58）	147（64）	156（69）	166（74）
24	5200（35900）	121（49）	132（56）	142（61）	153（67）	163（73）	174（79）
26	5600（38600）	125（52）	136（58）	147（64）	159（71）	170（77）	182（83）
28	5900（40700）	128（53）	140（60）	153（67）	165（74）	177（81）	189（87）
30	6300（43400）	131（55）	145（63）	158（70）	171（77）	184（84）	197（92）
32	6600（45500）	135（57）	149（65）	163（73）	177（81）	191（88）	205（96）
34	7000（48300）	138（59）	153（67）	168（76）	183（84）	198（92）	213（101）
36	7300（50300）	142（61）	157（69）	173（78）	189（87）	205（96）	221（105）
38	7700（53100）	145（63）	162（72）	178（81）	195（91）	212（100）	228（109）
40	8000（55200）	149（65）	166（74）	184（84）	201（94）	219（104）	236（113）
42	8400（57900）	152（67）	170（77）	189（87）	207（97）	226（108）	244（118）
44	8700（60000）	155（68）	175（79）	194（90）	213（101）	233（112）	252（122）
46	9100（62700）	159（71）	179（82）	199（93）	219（104）	240（116）	260（127）
48	9400（64800）	162（72）	183（84）	204（96）	225（107）	247（119）	268（131）
49	9600（66200）	164（73）	185（85）	207（97）	228（109）	250（121）	271（133）
加热速率，℉（℃）/min		1.71（0.95）	2.14（1.19）	2.59（1.44）	3.02（1.68）	3.47（1.93）	3.90（2.17）
加压速率，psi/min（kPa/min）		174（1198）					
到达最终条件时间，min		49					

表 2-12I 尾管模拟注水泥（方案 9.22s）

井深：16000ft（4800m）；钻井液密度：12.3lb/gal（1.47g/cm³）

1	2	3	4	5	6	7	8
时间 min	压力 psi (kPa)	温度梯度，℉/100ft（℃/100m）					
		0.9（1.6）	1.1（2.0）	1.3（2.4）	1.5（2.7）	1.7（3.1）	1.9（3.5）
		温度，℉（℃）					
0	1200（8300）	80（27）	80（27）	80（27）	80（27）	80（27）	80（27）
2	1600（11000）	84（29）	85（29）	86（30）	86（30）	87（31）	88（31）

1	2	3	4	5	6	7	8
时间 min	压力 psi（kPa）	温度梯度，℉/100ft（℃/100m）					
		0.9 (1.6)	1.1 (2.0)	1.3 (2.4)	1.5 (2.7)	1.7 (3.1)	1.9 (3.5)
		温度，℉（℃）					
4	1900 (13100)	87 (31)	89 (32)	91 (33)	93 (34)	95 (35)	97 (36)
6	2300 (15900)	91 (33)	94 (34)	97 (36)	99 (37)	102 (39)	105 (41)
8	2700 (18600)	95 (35)	99 (37)	102 (39)	106 (41)	110 (43)	113 (45)
10	3100 (21400)	98 (37)	103 (39)	108 (42)	112 (44)	117 (47)	122 (50)
12	3400 (23400)	102 (39)	108 (42)	113 (45)	119 (48)	124 (51)	130 (54)
14	3800 (26200)	106 (41)	112 (44)	119 (48)	125 (52)	132 (56)	138 (59)
16	4200 (29000)	110 (43)	117 (47)	124 (51)	132 (56)	139 (59)	147 (64)
18	4500 (31000)	113 (45)	122 (50)	130 (54)	138 (59)	147 (64)	155 (68)
20	4900 (33800)	117 (47)	126 (52)	136 (58)	145 (63)	154 (68)	163 (73)
22	5300 (36500)	121 (49)	131 (55)	141 (61)	151 (66)	162 (72)	172 (78)
24	5700 (39300)	124 (51)	136 (58)	147 (64)	158 (70)	169 (76)	180 (82)
26	6000 (41400)	128 (53)	140 (60)	152 (67)	164 (73)	176 (80)	188 (87)
28	6400 (44100)	132 (56)	145 (63)	158 (70)	171 (77)	184 (84)	197 (92)
30	6800 (46900)	135 (57)	149 (65)	163 (73)	177 (81)	191 (88)	205 (96)
32	7100 (49000)	139 (59)	154 (68)	169 (76)	184 (84)	199 (93)	213 (101)
34	7500 (51700)	143 (62)	159 (71)	174 (79)	190 (88)	206 (97)	222 (106)
36	7900 (54500)	147 (64)	163 (73)	180 (82)	197 (92)	213 (101)	230 (110)
38	8200 (56500)	150 (66)	168 (76)	186 (86)	203 (95)	221 (105)	239 (115)
40	8600 (59300)	154 (68)	173 (78)	191 (88)	210 (99)	228 (109)	247 (119)
42	9000 (62100)	158 (70)	177 (81)	197 (92)	216 (102)	236 (113)	255 (124)
44	9400 (64800)	161 (72)	182 (83)	202 (94)	223 (106)	243 (117)	264 (129)
46	9700 (66900)	165 (74)	186 (86)	208 (98)	229 (109)	251 (122)	272 (133)
48	10100 (69600)	169 (76)	191 (88)	213 (101)	236 (113)	258 (126)	280 (138)
50	10500 (72400)	172 (78)	196 (91)	219 (104)	242 (117)	265 (129)	289 (143)
52	10800 (74500)	176 (80)	200 (93)	224 (107)	249 (121)	273 (134)	297 (147)
54	11200 (77200)	180 (82)	205 (96)	230 (110)	255 (124)	280 (138)	305 (152)
55	11400 (78600)	182 (83)	207 (97)	233 (112)	258 (126)	284 (140)	309 (154)
加热速率，℉（℃）/min		1.85 (1.03)	2.31 (1.28)	2.78 (1.54)	3.24 (1.80)	3.71 (2.06)	4.16 (2.31)
加压速率，psi/min（kPa/min）		185 (1278)					
到达最终条件时间，min		55					

表 2－12J 尾管模拟注水泥（方案 9.23s）

井深：18000ft（5490m）；钻井液密度：12.8lb/gal（1.53g/cm³）

1	2	3	4	5	6	7	8
时间 min	压力 psi（kPa）	温度梯度，℉/100ft（℃/100m）					
		0.9（1.6）	1.1（2.0）	1.3（2.4）	1.5（2.7）	1.7（3.1）	1.9（3.5）
		温度，℉（℃）					
0	1300（9000）	80（27）	80（27）	80（27）	80（27）	80（27）	80（27）
2	1700（11700）	84（29）	85（29）	86（30）	87（31）	88（31）	89（32）
4	2100（14500）	88（31）	90（32）	92（33）	94（34）	96（36）	98（37）
6	2500（17200）	92（33）	95（35）	98（37）	101（38）	104（40）	107（42）
8	2900（20000）	96（36）	100（38）	104（40）	108（42）	112（44）	115（46）
10	3300（22800）	100（38）	105（41）	110（43）	115（46）	119（48）	124（51）
12	3700（25500）	104（40）	110（43）	116（47）	121（49）	127（53）	133（56）
14	4100（28300）	108（42）	115（46）	121（49）	128（53）	135（57）	142（61）
16	4400（30300）	112（44）	120（49）	127（53）	135（57）	143（62）	151（66）
18	4800（33100）	116（47）	124（51）	133（56）	142（61）	151（66）	160（71）
20	5200（35900）	120（49）	129（54）	139（59）	149（65）	159（71）	169（76）
22	5600（38600）	124（51）	134（57）	145（63）	156（69）	167（75）	178（81）
24	6000（41400）	128（53）	139（59）	151（66）	163（73）	175（79）	186（86）
26	6400（44100）	132（56）	144（62）	157（69）	170（77）	183（84）	195（91）
28	6800（46900）	135（57）	149（65）	163（73）	177（81）	190（88）	204（96）
30	7200（49600）	139（59）	154（68）	169（76）	184（84）	198（92）	213（101）
32	7600（52400）	143（62）	159（71）	175（79）	190（88）	206（97）	222（106）
34	8000（55200）	147（64）	164（73）	181（83）	197（92）	214（101）	231（111）
36	8400（57900）	151（66）	169（76）	187（86）	204（96）	222（106）	240（116）
38	8800（60700）	155（68）	174（79）	193（89）	211（99）	230（110）	248（120）
40	9200（63400）	159（71）	179（82）	198（92）	218（103）	238（114）	257（125）
42	9600（66200）	163（73）	184（84）	204（96）	225（107）	246（119）	266（130）
44	10000（68900）	167（75）	189（87）	210（99）	232（111）	254（123）	275（135）
46	10300（71000）	171（77）	194（90）	216（102）	239（115）	261（127）	284（140）
48	10700（73800）	175（79）	199（93）	222（106）	246（119）	269（132）	293（145）
50	11100（76500）	179（82）	204（96）	228（109）	253（123）	277（136）	302（150）
52	11500（79300）	183（84）	209（98）	234（112）	260（127）	285（141）	311（155）
54	11900（82000）	187（86）	213（101）	240（116）	266（130）	293（145）	319（159）
56	12300（84800）	191（88）	218（103）	246（119）	273（134）	301（149）	328（164）
58	12700（87600）	195（91）	223（106）	252（122）	280（138）	309（154）	337（169）
60	13100（90300）	199（93）	228（109）	258（126）	287（142）	317（158）	346（174）
61	13300（91700）	201（94）	231（111）	261（127）	291（144）	321（161）	350（177）

1	2	3	4	5	6	7	8
时间 min	压力 psi（kPa）	温度梯度，℉/100ft（℃/100m）					
		0.9（1.6）	1.1（2.0）	1.3（2.4）	1.5（2.7）	1.7（3.1）	1.9（3.5）
		温度，℉（℃）					
加热速率，℉（℃）/min		1.98（1.10）	2.48（1.38）	2.97（1.65）	3.46（1.92）	3.95（2.19）	4.43（2.46）
加压速率，psi/min （kPa/min）		197（1356）					
到达最终条件时间，min		61					

表 2-12K 尾管模拟注水泥（方案 9.24s）

井深：20000ft（6100m）；钻井液密度：13.3lb/gal（1.59g/cm³）

1	2	3	4	5	6	7	8
时间 min	压力 psi（kPa）	温度梯度，℉/100ft（℃/100m）					
		0.9（1.6）	1.1（2.0）	1.3（2.4）	1.5（2.7）	1.7（3.1）	1.9（3.5）
		温度，℉（℃）					
0	1450（10000）	80（27）	80（27）	80（27）	80（27）	80（27）	80（27）
2	1900（13100）	84（29）	85（29）	86（30）	87（31）	88（31）	89（32）
4	2300（15900）	88（31）	91（33）	93（34）	95（35）	97（36）	99（37）
6	2700（18600）	93（34）	96（36）	99（37）	102（39）	105（41）	108（42）
8	3100（21400）	97（36）	101（38）	105（41）	109（43）	113（45）	118（48）
10	3500（24100）	101（38）	106（41）	111（44）	117（47）	122（50）	127（53）
12	3900（26900）	105（41）	112（44）	118（48）	124（51）	130（54）	136（58）
14	4300（29600）	110（43）	117（47）	124（51）	131（55）	139（59）	146（63）
16	4800（33100）	114（46）	122（50）	130（54）	139（59）	147（64）	155（68）
18	5200（35900）	118（48）	127（53）	137（58）	146（63）	155（68）	165（74）
20	5600（38600）	122（50）	133（56）	143（62）	153（67）	164（73）	174（79）
22	6000（41400）	127（53）	138（59）	149（65）	161（72）	172（78）	183（84）
24	6400（44100）	131（55）	143（62）	156（69）	168（76）	180（82）	193（89）
26	6800（46900）	135（57）	148（64）	162（72）	175（79）	189（87）	202（94）
28	7200（49600）	139（59）	154（68）	168（76）	183（84）	197（92）	212（100）
30	7700（53100）	143（62）	159（71）	174（79）	190（88）	206（97）	221（105）
32	8100（55800）	148（64）	164（73）	181（83）	197（92）	214（101）	230（110）
34	8500（58600）	152（67）	169（76）	187（86）	205（96）	222（106）	240（116）
36	8900（61400）	156（69）	175（79）	193（89）	212（100）	231（111）	249（121）
38	9300（64100）	160（71）	180（82）	200（93）	219（104）	239（115）	259（126）
40	9700（66900）	165（74）	185（85）	206（97）	227（108）	247（119）	268（131）
42	10100（69600）	169（76）	191（88）	212（100）	234（112）	256（124）	278（137）
44	10500（72400）	173（78）	196（91）	219（104）	241（116）	264（129）	287（142）
46	11000（75800）	177（81）	201（94）	225（107）	249（121）	273（134）	296（147）

1	2	3	4	5	6	7	8
时间 min	压力 psi（kPa）	温度梯度，℉/100ft（℃/100m）					
		0.9（1.6）	1.1（2.0）	1.3（2.4）	1.5（2.7）	1.7（3.1）	1.9（3.5）
		温度，℉（℃）					
48	11400（78600）	181（83）	206（97）	231（111）	256（124）	281（138）	306（152）
50	11800（81400）	186（86）	212（100）	237（114）	263（128）	289（143）	315（157）
52	12200（84100）	190（88）	217（103）	244（118）	271（133）	298（148）	325（163）
54	12600（86900）	194（90）	222（106）	250（121）	278（137）	306（152）	334（168）
56	13000（89600）	198（92）	227（108）	256（124）	285（141）	314（157）	343（173）
58	13400（92400）	203（95）	233（112）	263（128）	293（145）	323（162）	353（178）
60	13900（95800）	207（97）	238（114）	269（132）	300（149）	331（166）	362（183）
62	14300（98600）	211（99）	243（117）	275（135）	307（153）	339（171）	372（189）
64	14700（101400）	215（102）	248（120）	282（139）	315（157）	348（176）	381（194）
66	15100（104100）	220（104）	254（123）	288（142）	322（161）	356（180）	390（199）
67	15300（105500）	222（106）	256（124）	291（144）	326（163）	360（182）	395（202）
加热速率，℉（℃）/min		2.12（1.18）	2.63（1.46）	3.15（1.75）	3.67（2.04）	4.18（2.32）	4.70（2.61）
加压速率，psi/min（kPa/min）		207（1425）					
到达最终条件时间，min		67					

表2-12L　尾管模拟注水泥（方案9.25s）

井深：22000ft（6710m）；钻井液密度：13.8lb/gal（1.65g/cm³）

1	2	3	4	5	6	7	8
时间 min	压力 psi（kPa）	温度梯度，℉/100ft（℃/100m）					
		0.9（1.6）	1.1（2.0）	1.3（2.4）	1.5（2.7）	1.7（3.1）	1.9（3.5）
		温度，℉（℃）					
0	1550（10700）	80（27）	80（27）	80（27）	80（27）	80（27）	80（27）
2	2000（13800）	85（29）	86（30）	87（31）	88（31）	89（32）	90（32）
4	2400（16500）	89（32）	91（33）	93（34）	96（36）	98（37）	100（38）
6	2800（19300）	94（34）	97（36）	100（38）	103（39）	107（42）	110（43）
8	3300（22800）	98（37）	102（39）	107（42）	111（44）	115（46）	120（49）
10	3700（25500）	103（39）	108（42）	113（45）	119（48）	124（51）	130（54）
12	4100（28300）	107（42）	114（46）	120（49）	127（53）	133（56）	140（60）
14	4600（31700）	112（44）	119（48）	127（53）	134（57）	142（61）	150（66）
16	5000（34500）	116（47）	125（52）	133（56）	142（61）	151（66）	160（71）
18	5400（37200）	121（49）	130（54）	140（60）	150（66）	160（71）	170（77）
20	5900（40700）	125（52）	136（58）	147（64）	158（70）	169（76）	180（82）
22	6300（43400）	130（54）	142（61）	154（68）	166（74）	178（81）	190（88）

1	2	3	4	5	6	7	8
时间 min	压力 psi (kPa)	温度梯度，℉/100ft（℃/100m）					
		0.9 (1.6)	1.1 (2.0)	1.3 (2.4)	1.5 (2.7)	1.7 (3.1)	1.9 (3.5)
		温度，℉（℃）					
24	6700 (46200)	134 (57)	147 (64)	160 (71)	173 (78)	186 (86)	200 (93)
26	7200 (49600)	139 (59)	153 (67)	167 (75)	181 (83)	195 (91)	210 (99)
28	7600 (52400)	143 (62)	158 (70)	174 (79)	189 (87)	204 (96)	219 (104)
30	8000 (55200)	148 (64)	164 (73)	180 (82)	197 (92)	213 (101)	229 (109)
32	8500 (58600)	152 (67)	170 (77)	187 (86)	204 (96)	222 (106)	239 (115)
34	8900 (61400)	157 (69)	175 (79)	194 (90)	212 (100)	231 (111)	249 (121)
36	9300 (64100)	161 (72)	181 (83)	200 (93)	220 (104)	240 (116)	259 (126)
38	9700 (66900)	166 (74)	186 (86)	207 (97)	228 (109)	249 (121)	269 (132)
40	10200 (70300)	170 (77)	192 (89)	214 (101)	236 (113)	257 (125)	279 (137)
42	10600 (73100)	175 (79)	197 (92)	220 (104)	243 (117)	266 (130)	289 (143)
44	11000 (75800)	179 (82)	203 (95)	227 (108)	251 (122)	275 (135)	299 (148)
46	11500 (79300)	184 (84)	209 (98)	234 (112)	259 (126)	284 (140)	309 (154)
48	11900 (82000)	188 (87)	214 (101)	240 (116)	267 (131)	293 (145)	319 (159)
50	12300 (84800)	193 (89)	220 (104)	247 (119)	274 (134)	302 (150)	329 (165)
52	12800 (88300)	197 (92)	225 (107)	254 (123)	282 (139)	311 (155)	339 (171)
54	13200 (91000)	202 (94)	231 (111)	261 (127)	290 (143)	320 (160)	349 (176)
56	13600 (93800)	206 (97)	237 (114)	267 (131)	298 (148)	328 (164)	359 (182)
58	14100 (97200)	211 (99)	242 (117)	274 (134)	306 (152)	337 (169)	369 (187)
60	14500 (100000)	215 (102)	248 (120)	281 (138)	313 (156)	346 (174)	379 (193)
62	14900 (102700)	220 (104)	253 (123)	287 (142)	321 (161)	355 (179)	389 (198)
64	15400 (106200)	224 (107)	259 (126)	294 (146)	329 (165)	364 (184)	399 (204)
66	15800 (108900)	229 (109)	265 (129)	301 (149)	337 (169)	373 (189)	409 (209)
68	16200 (111700)	233 (112)	270 (132)	307 (153)	345 (174)	382 (194)	419 (215)
70	16700 (115100)	238 (114)	276 (136)	314 (157)	352 (178)	391 (199)	429 (221)
加热速率，℉（℃）/min		2.25 (1.25)	2.79 (1.55)	3.34 (1.86)	3.89 (2.16)	4.44 (2.47)	4.99 (2.77)
加压速率，psi/min（kPa/min）		216（1488）					
到达最终条件时间，min		73					

表 2-13 套管注水泥试验方案

方　案	井深 m	钻井液密度 g/cm³	井底静止温度 ℃	井底循环温度 ℃	地面压力 MPa	井底压力 MPa	到达井底时间 min
1	305	1.2	36	27	3.4	7.0	7
2	610	1.2	38	33	3.4	10.6	9
3	1220	1.2	60	39	3.4	17.8	14

方　案	井深 m	钻井液密度 g/cm³	井底静止温度 ℃	井底循环温度 ℃	地面压力 MPa	井底压力 MPa	到达井底时间 min
4	1830	1.2	77	45	5.2	26.7	20
5	2440	1.2	93	52	6.9	35.6	28
6	3050	1.4	110	62	8.6	51.6	36
7	3660	1.7	127	78	10.3	70.5	44
8	4270	1.9	143	97	12.1	92.3	52
9	4880	2.0	160	120	13.3	111.3	60
10	5490	2.15	177	149	14.1	129.6	67
11	6100	2.30	193	171	15.8	151.5	75

表 2-14　尾管注水泥试验方案

方　案	井深 m	钻井液密度 g/cm³	井底静止温度 ℃	井底循环温度 ℃	地面压力 MPa	井底压力 MPa	到达井底时间 min
13	305	1.2	35	27	3.4	7.1	3
14	610	1.2	38	33	3.4	10.6	4
15	1220	1.2	60	39	3.4	17.8	7
16	1830	1.2	77	45	5.2	26.7	10
17	2440	1.2	93	52	6.9	35.6	15
18	3050	1.4	110	62	8.6	51.6	19
19	3660	1.7	127	78	10.3	70.5	24
20	4270	1.9	143	97	12.1	92.3	29
21	4880	2.0	160	120	13.8	111.3	34
22	5490	2.2	177	149	14.1	129.6	39
23	6100		193	171	15.8	151.5	

表 2-15　挤水泥（封隔器）试验方案

方　案	井深 m	钻井液密度 g/cm³	井口压力 MPa	井底循环温度 ℃	到达井底循环 温度时间 min	井底压力 MPa	到达井底时间 min
25	305	1.2	3.4	32	3	22.8	23
26	610	1.2	3.4	37	4	29.0	35
27	1220	1.2	3.4	47	7	38.6	28
28	1830	1.2	5.5	58	10	46.2	31
29	2440	1.2	6.9	71	15	53.8	35
30	3050	1.4	8.9	86	19	64.8	38
31	3660	1.7	10.3	101	24	81.4	42
32	4270	1.9	12.4	117	29	96.5	45
33	4880	2.0	13.8	133	34	113.8	48
34	5490	2.2	15.2	149	39	131.0	51

第三节　地层油饱和压力的测定

一、实验目的

（1）理解地层油饱和压力的概念。

（2）了解高压物性分析仪的结构与工作原理。

（3）掌握地层油饱和压力的测量方法。

二、实验原理

地层油饱和压力通常是指未饱和油藏的饱和压力，即从原油中分离出第一批气泡时的压力。它是非常重要的地层油物性参数之一，由它可判断地层中烃类是以单相还是油气两相同时存在与渗流，可反映与控制油藏的驱动方式。另外，它还是地层油物性发生突变的转折点。地层油饱和压力对于油藏开采动态分析、渗流计算及数值模拟等都是不可缺少的参数。

本实验根据降压过程中地层油体积的变化规律来确定地层油的饱和压力——降压法。测试原理是：在压力高于地层油饱和压力时，随着压力的下降，原来受压缩的原油发生轻微膨胀，体积略有增加；当压力降至原油饱和压力以下时，溶解在油中的气体从油中分离出来，由于气体的压缩系数远远大于液体的压缩系数，随着压力继续下降，油气的体积变化率将远大于压力高于饱和压力情况下油的体积变化率。将压力与对应的体积变化值在直角坐标系中绘成曲线，该曲线在饱和压力处出现拐点，拐点对应的压力就是所测地层油的饱和压力。

三、实验装置及设备

获得地层油高压物性参数最直接、最精确的方法是利用 PVT 分析仪进行测定。实验中还要用到取样器、饱和仪以及其他辅助设备，其流程如图 2-16 所示。

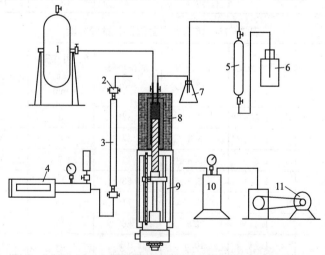

图 2-16　地层油高压物性分析仪结构示意图

1—高压降球黏度计；2—转样接头；3—取样器；4—计量泵；

5—气量瓶；6—平衡瓶；7—油气分离瓶；8—PVT 筒；

9—PVT 计量泵；10—真空捕集器；11—真空泵

地层油高压物性分析仪主要由 PVT 分析仪、配样仪、饱和仪、高压降球黏度计、气体计量计、电子天平等构成。PVT 分析仪主要由分析器（又称 PVT 筒）、PVT 计量泵、电动摇摆系统、温控系统以及示压系统等组成。

（1）分析器（PVT 筒）：分析器是一个高压容器，用来充满油气并在高温高压下使油气达到相平衡。该容器是采用不锈钢材料制成的钢套，钢套的顶端采用端盖与聚四氟乙烯 O 形密封圈密封，端盖用六角螺栓与钢套连接，钢套的底端靠压帽紧固聚四氟乙烯 O 形密封垫圈实现密封。分析器的最大容积为 350cm³，PVT 计量泵的活塞往复运动实现分析器容积改变。

（2）PVT 计量泵：PVT 计量泵主要由计量泵主体与电动减速器两部分组成。计量泵主体由钢套（即构成 PVT 筒的钢套，实际上计量泵与分析器是一个整体，如图 2-17 所示）、活塞、传动丝杠、刻度盘、游标、位移采集系统等组成。减速部分由电动机、联轴节、蜗轮蜗杆减速器和轴承等组成。PVT 计量泵有手动和自动两种模式，自动模式可无级调速。计量泵通过丝杠传动改变活塞在钢套中的位置，改变 PVT 筒的体积，同时对流体进行加压或降压。PVT 筒的体积可通过 PVT 计量泵的游标和刻度盘读出，也可由位移传感器采集信号并经相应计算得出，刻度盘最小刻度为 0.01cm³。

（3）电动摇摆系统：摇摆系统可使 PVT 筒产生 180°旋转，配合 PVT 筒中放置的石墨搅拌块的往复运动搅拌液体，用于加速油气的溶解或分离，可根据原油稠稀程度配置 3 种不同重量的搅拌块。

（4）温控系统：该系统采用电加热程序升温，用于设置与计量 PVT 筒的温度。

（5）示压系统：采用压力传感器以及显示器来显示 PVT 筒中的压力。

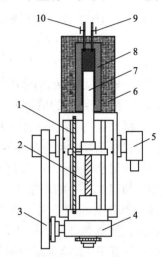

图 2-17　分析器与计量泵结构示意图

1—游标；2—丝杠；3—传动链；4—蜗轮蜗杆；5—轴承；6—保温套；7—柱塞；8—PVT 筒；9，10—阀门

四、实验方法及步骤

1. 仪器标定

1）PVT 筒的死体积

在 PVT 筒中存在一部分死体积，使得 PVT 筒的实际容积比计量体积大。因此，在分析原油物性时，必须考虑死体积。所谓死体积，是指在 PVT 计量泵进到最大时 PVT 筒存留的体积，对这部分体积中的流体 PVT 计量泵是无法排出的。PVT 筒死体积的确定方法为：

（1）将 PVT 筒清洗干净，用压缩空气吹干，恒温至 20℃。

（2）将校正好的计量泵灌满蒸馏水，用直径为 3mm 的管线与计量泵相连。

（3）计量泵进泵，直到直径为 3mm 的管线出口端见水为止，将管线出口端连到 PVT 筒顶端的阀门 9，并关闭阀门 9，记录计量泵读数 V_1。

（4）PVT 计量泵进泵，将 PVT 筒的体积设置到零刻度。将 PVT 筒顶端的阀门 10 与真空泵相连，抽空 20min 后停止，关闭阀门 10，拆除抽真空泵。

（5）打开 PVT 筒顶端的阀门 9，计量泵进泵，将蒸馏水注入 PVT 筒的死体积。当计量泵压力表显示压力时，停止进泵，并退泵使压力表恢复到零。

（6）打开阀门 10，如果见水，记录计量泵读数 V_2，如果未见水，缓慢进泵直到阀门 10 刚好见水时，立即停泵并记录计量泵读数 V_2。

（7）用水充填 PVT 筒死体积之后与之前的计量泵读数之差就是 PVT 筒的死体积，即：PVT 筒死体积 $V_s = V_2 - V_1$（常压下的死体积）。

2）PVT 筒压变系数

PVT 筒压变系数是指每增加单位压力 PVT 筒的体积变化率。其计算公式如下：

$$K_p = \frac{V_p - V_0}{V_0 p} \qquad (2-18)$$

式中　K_p——PVT 筒压变系数，1/MPa；

　　　p——PVT 筒中的压力，MPa；

　　　V_0——大气压力下的 PVT 筒总体积，cm^3，$V_0 = 360 cm^3$；

　　　V_p——压力为 p 时的 PVT 筒体积，cm^3。

PVT 筒压变系数的测量方法如下：

（1）将 PVT 筒清洗干净，用压缩空气吹干，恒温至 20℃。

（2）将校正好的计量泵灌满蒸馏水，用直径为 3mm 的管线与计量泵相连。

（3）计量泵进泵，直到直径为 3mm 的管线出口端见水为止，将管线出口端连到 PVT 筒顶端的阀门 9，并关闭阀门 9。

（4）PVT 计量泵进泵，将 PVT 筒的体积设置到零刻度。将 PVT 筒顶端的阀门 10 与真空泵相连，抽空 20min 后停止，关闭阀门 10，拆除抽真空泵。

（5）打开 PVT 筒顶端的阀门 9，计量泵进泵，将蒸馏水注入 PVT 筒。当计量泵压力表显示压力时，计量泵停止进泵。

（6）打开阀门 10，如果见水，则进行下一步；如果未见水，则计量泵进泵，直到阀门 10 见水为止。

（7）关闭阀门 10，计量泵进泵，同时 PVT 计量泵退泵，直到 PVT 筒体积达到最大值（360cm^3）时，PVT 计量泵停泵，微调计量泵使 PVT 筒的压力为零。

（8）关闭阀门 9，计量泵进泵，记录计量泵压力分别为 10MPa，20MPa，…，70MPa 时计量泵体积。

（9）计量泵退泵，将压力恢复到零时停泵；打开阀门 9，计量泵进泵，测量计量泵压力分别为 10MPa，20MPa，…，70MPa 时计量泵体积。

（10）将压力与体积数据填入表 2-16 中，利用公式计算 PVT 筒的压变系数 K_p。

表 2-16　PVT 筒压变系数标定数据表

序号	压力 p MPa	计量泵读数，cm^3		PVT 筒体积增量，cm^3 $V_p - V_0$（$= V_2 - V_1$）	PVT 筒压变系数 $K_p = \dfrac{V_p - V_0}{V_0 p} = \dfrac{V_2 - V_1}{360 p}$
		阀门 1 关闭 V_1	阀门 1 打开 V_2		
1	0				
2	10				
3	20				

序号	压力 p MPa	计量泵读数，cm^3		PVT 筒体积增量，cm^3 $V_p - V_0$ $(=V_2 - V_1)$	PVT 筒压变系数 $K_p = \dfrac{V_p - V_0}{V_0 p} = \dfrac{V_2 - V_1}{360 p}$
		阀门1关闭 V_1	阀门1打开 V_2		
4	30				
5	40				
6	50				
7	60				
8	70				

注：此压变系数是综合压变系数，即包括 PVT 筒及其死体积随压力变化而发生的体积变化。

2. 实验步骤

（1）根据预测的饱和压力值计算要读数的压力测试点，一般在高于饱和压力时取 3～4 个点，在饱和压力以下取 3～4 个点。

（2）打开 PVT 主机的总电源开关，打开温控系统电源，设置温控器将分析器（PVT 筒）中的地层油恒定到地层温度。

（3）用 PVT 筒下部的 PVT 计量泵将 PVT 筒的压力升高到地层压力（或者比预测地层油饱和压力高出 4.0～5.0MPa），打开摇摆系统，对 PVT 筒内的油进行搅拌，直至压力显示器的读数稳定在所要控制的压力值。

（4）将控制盘上的"进退泵"开关设置为"退泵"，然后观察压力显示器，慢慢右旋"调速"旋钮进行退泵，缓慢将压力降到计算好的第一个压力点上，立刻停止退泵，继续摇摆搅拌油样。当压力显示器读数稳定后，记录 PVT 筒中的压力 p_1 与体积值 V_1；之后继续退泵，按上述过程测定其余压力测试点，并记录相应的压力与体积值。

注意：在饱和压力以上时，由于体积随压力的变化很小，测定时可采取定压差方法，相邻两个测试点之间压力差为 1MPa 左右；在饱和压力以下时，压力下降，油气发生分离，体积随压力的变化很大，这时可采取定体积法，相邻两个测试点之间体积差视情况而定。

（5）测试完毕，关闭打开的所有开关。

五、实验数据处理

将测得的压力、体积数据记录在地层油高压物性分析数据表（表 2-17）中。然后以 V_1 为基数，计算出每组数据的累积体积变化，即 $\Delta V_i = V_i - V_1$。以累积体积变化 ΔV 为横坐标，以压力 p 为纵坐标，绘制 p-ΔV 关系曲线，如图 2-18 所示，图中测试点趋势线的交叉点所对应的压力即为饱和压力 p_b。

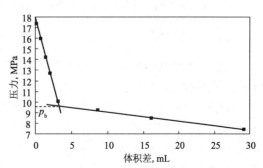

图 2-18 地层油压力与体积差关系曲线

六、实验要求

（1）实验涉及高温高压，一定要注意安全。

（2）进泵和退泵的速度是由"调速"旋钮来控制的，旋转该旋钮时一定要小心，旋转速度和幅度不要太大，以免进、退泵速度太快而损害仪器。

（3）改变压力后，应充分搅拌，待压力稳定后方可读数；否则，测试结果不准确。

表 2-17 地层油高压物性分析数据表

油　　田：_____　　　　油　　层：_____　　　　井　　号：_____

地层压力：_____ MPa　　地层温度：_____ ℃　　　取样压力：_____ MPa

取样温度：_____ ℃　　　取样器号：_____　　　　取样日期：___年___月___日

仪器死体积：_____ cm³　　温变系数 K：_____ cm³/℃　　仪器压变系数 K_p：___ 1/MPa

饱和压力：_____ MPa　　　　　　　　　　　　　　　　压缩系数：_____ 10^{-4}/MPa

序号	压力 MPa	计量泵读数 cm³	累积体积差 cm³
1			
2			
3			
4			
5			
6			
7			
8			

第四节 地层油黏度的测定

一、实验目的

（1）理解地层油黏度的概念。

（2）掌握降球法测定地层油黏度的方法。

（3）了解高压降球黏度计的结构、用途及工作原理。

二、实验原理

地层油黏度是地层油的一个非常重要的物性参数，也是影响油井产量及采收率等的重要因素，掌握地层油的黏度对于油井动态预测、试井、提高采收率等都是必要的。

地层油的黏度采用降球法进行测定。降球法利用的是钢球在液体中的降落时间与液体黏度之间的关系，即钢球在液体中的下落速度与液体的黏度有关，液体的黏度越大，形成的阻力越大，球的下落速度越慢，下落一定距离需要的时间越长，反之亦然。因此，钢球的下落速度或时间就反映了液体的黏度大小。对于原油，只要测出钢球在其中的下落时间，就可用公式（2-19）计算出原油的黏度：

$$\mu_o = k(\rho_s - \rho_o)T \tag{2-19}$$

式中　μ_o——原油的黏度，mPa·s；

　　　ρ_s，ρ_o——钢球与原油的密度，g/cm³；

T——钢球的下落时间，s；

k——黏度计常数，与管径、倾斜角度、钢球直径等有关。

但在实际实验测试中，一般是先对黏度计进行标定，绘制出时间—黏度标准曲线或回归出时间—黏度关系式，之后根据测出的降球时间在标准曲线上查出黏度或利用关系式计算出黏度值。

三、实验装置及设备

地层油黏度的测定主要用到高压降球黏度计，还需配合使用 PVT 分析仪、取样器、饱和仪以及其他辅助设备。

高压降球黏度计主要用来测定地层油在地层条件下的黏度，也可测定其他液体的黏度。高压降球黏度计结构如图 2-19 所示，它的中心是由防磁不锈钢管制成内壁光滑的圆管。圆管的上部有一个电磁线圈，通电可产生磁力吸住管内的钢球；管子下部为一个球座，球座外有两个电感线圈，安装在密封的屏蔽盒内。电感线圈通电，衔铁吸住钢球；电感线圈断电，钢球下落，秒表自动计时；当钢球落到圆管底部的球座上时，电感线圈产生信号，秒表停止计时。从钢球下落时间可以求出液体的黏度。该黏度计测量范围为 $0.5 \sim 500 \mathrm{mPa \cdot s}$。

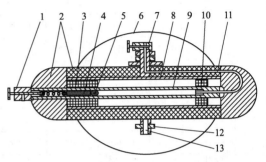

图 2-19　高压降球黏度计结构示意图

1—放油阀门；2—保温套；3—电磁细圈；4—衔铁；
5—钢球；6—底座；7—高压活动阀门；8—电阻丝；
9—中心管；10—电感线圈；11—管线；
12—支承；13—控制信号线入口

四、实验方法及步骤

1. 降球黏度计标定

降球黏度计是依据钢球在不同稠稀程度的原油中下落时间不同而进行测试的。在实测液体黏度时，测出钢球在液体中的降球时间，根据这个时间可以在标准曲线上查出液体的黏度值，也可以将降球时间代入相应的数学关系式计算出液体的黏度值。该仪器有 3 个测试角度：22.5°、45°以及 67.5°，测试时，每个角度对应一个黏度值，3 个黏度值的平均值就是所测液体的黏度。

在使用降球黏度计之前，需要对其进行标定，标定方法通常是：选用几种不同黏度的标准液体（一般是已知黏度值的纯净碳氢化合物液体），在不同角度下测试钢球在标准液体中的下落时间；将测得的降球时间与对应的标准液体黏度在直角坐标系中绘制成标准曲线，或者根据黏度、降球时间数据回归出数学关系式。例如，现有 4 种标准液体，在常压、20℃条件下它们的黏度值见表 2-18。

表 2-18　标准液体黏度

标准液体	1#	2#	3#	4#
黏度，mPa·s	1.8057	4.7035	16.267	46.613

将这4种标准液体分别装入黏度计进行降球时间测试。在向黏度计中装入标准液体之前，先用汽油清洗黏度计，并用压缩气体吹净。在常压、20℃条件下，按照地层油黏度测定的实验步骤，测出不同角度下钢球在每种标准液体中的降球时间，数据见表2－19。

表2－19　标准液体黏度与时间关系数据

测试角度，(°)	标准液体	降球时间，s					平均时间，s	油样黏度，mPa·s
22.5	1#	1.720	1.730	1.740	1.710	1.720	1.724	1.8057
	2#	2.300	2.320	2.290	2.320	2.280	2.302	4.7035
	3#	5.730	5.730	5.750	5.700	5.860	5.754	16.267
	4#	15.380	15.430	15.460	15.490	15.260	15.404	46.613
45	1#	1.150	1.150	1.160	1.160	1.160	1.156	1.8057
	2#	1.450	1.450	1.450	1.450	1.450	1.450	4.7035
	3#	3.120	3.110	3.100	3.110	3.110	3.110	16.267
	4#	8.060	8.070	8.050	8.040	8.070	8.058	46.613
67.5	1#	0.940	0.950	0.950	0.940	0.950	0.946	1.8057
	2#	1.060	1.060	1.060	1.070	1.050	1.060	4.7035
	3#	2.100	2.090	2.090	2.080	2.080	2.088	16.267
	4#	5.450	5.450	5.440	5.410	5.410	5.432	46.613

分别将3个角度下的降球时间与标准液体黏度在直角坐标系中绘成图，就可以得到黏度计的标准曲线，如图2－20所示。根据实测的降球时间与相应的标准曲线或数学关系式就可得出所测液体的黏度值。

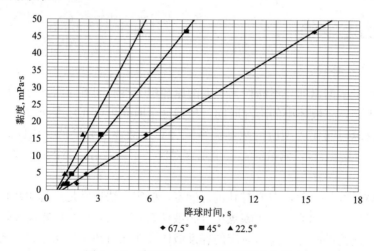

图2－20　降球时间与液体黏度标准曲线

2. 实验步骤

（1）调整黏度计水泡居中，打开黏度计电源开关，设置温控器，将黏度计中的原油恒定在指定的温度。

（2）将黏度计放油阀门端降低，按下控制盘上的"吸球"按钮，使内部的电感线圈吸住钢球。

（3）使黏度计放油阀门端抬高至测试角度，按下控制盘上的"降球"按钮（此时电感线圈的电流断开，钢球开始沿中心管向下降落，同时秒表开始计时），钢球达到最低位置时，秒表自动停止计时，记录电秒表的时间。

（4）在同一个测试角度下重复（2）、（3）步3～5次，偏差太大的数据舍弃重测。

（5）改变黏度计的测试角度，重复进行测定，将时间与角度数据记录在表2-20中。

表 2-20 地层油黏度测定实验数据

油　　田：＿＿＿＿＿＿　　油　　层：＿＿＿＿＿＿　　井　　号：＿＿＿＿＿＿

地层压力：＿＿＿＿＿MPa　　地层温度：＿＿＿＿＿℃　　取样压力：＿＿＿＿＿MPa

取样温度：＿＿＿＿＿℃　　取样器号：＿＿＿＿＿　　取样日期：＿＿年＿＿月＿＿日

饱和压力：＿＿＿＿＿MPa　　黏度计号：＿＿＿＿＿　　钢球直径：＿＿＿＿＿mm

钢球密度：＿＿＿＿＿g/cm³　　　　　　　　　　　　　原油密度：＿＿＿＿＿g/cm³

测试角度 (°)	降球时间，s				平均时间，s	油样黏度，mPa·s	
						测试值	平均值
22.5							
45							
67.5							

（6）测定结束后，关闭黏度计电源开关。

五、实验数据处理

根据不同测试角度及所对应的降球时间，查事先做好的标准曲线（或代入回归关系式进行计算），得到每个测试角度对应的黏度值，然后计算各个黏度的平均值。

六、实验要求

（1）黏度计在使用之前需要经过标定。标定通常都是采用纯净的碳氢化合物液体或标准油作为已知黏度的标准液体。

（2）对于管径为 D、球径为 d 及黏度计倾角 θ 的每一组合，都有一个极限黏度值，当低于这一黏度极限值时，黏度计算公式就不适用了。黏度与降球时间的线性关系被破坏时的黏度值，称为临界黏度。临界黏度 μ_{kp} 与管子、钢球直径以及钢球密度的关系为：

$$\mu_{kp} = 1915.2\sqrt{\rho_o(\rho_s - \rho_o)}\sqrt{\frac{d^3 k'}{Re_{kp}}}\sqrt{\sin\theta} \qquad (2-20)$$

式中　k'——系数；

　　　d——钢球直径，cm；

　　　μ_{kp}——临界黏度，mPa·s；

　　　θ——黏度计转角，（°）；

　　　Re_{kp}——临界雷诺数。

系数 k' 可根据钢球与管子的直径比（d/D）由曲线（图2-21与图2-22）查得。

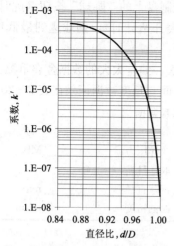

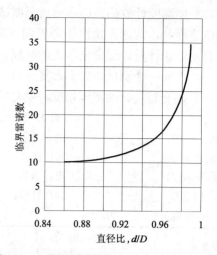

图 2-21　系数 k' 与直径比 d/D 关系曲线　　　图 2-22　临界雷诺数与直径比 d/D 关系曲线

第五节　地层油单次脱气实验

一、实验目的

（1）理解溶解油气比、体积系数、地层油密度等地层油物性参数的概念。
（2）了解地层油脱气实验装置的结构与工作原理。
（3）掌握地层油单次脱气的方法以及相关地层油物性参数的计算方法。

二、实验原理

地层油中溶解有大量的气体，在温度和压力发生变化时，这些气体的相态会发生变化，如温度一定，压力下降到饱和压力以下，原来溶解在油中的气体会从油中分离出来，相态从单一的液相变为油气两相，导致原油性质发生变化。从原油中脱出气量的多少与油气的组成以及温度、压力等有关。根据脱气过程中得到的数据，可确定地层油的一些物性参数，如溶解油气比、体积系数、地层油密度等。

将 PVT 筒内的油样温度和压力保持在油藏条件下，并不断进行搅拌，使气体均匀溶解在油中。当温度、压力达到稳定后，在保持油藏温度与压力的条件下，从 PVT 筒中放出一定数量的原油到油气分离瓶中，放出油样的体积可以从计量泵上读出（根据放油前、后 PVT 筒计量泵上油样体积的读值可求出放出的油在油藏条件下的体积，即为 PVT 筒内放油前、后的体积差乘以校正系数）。分离瓶内的压力为大气压力，大气压远低于地层油饱和压力，因此，原油进入分离瓶后将迅速脱气，脱出的气体进入装有饱和盐水的气体计量瓶内并排出瓶内的盐水，将平衡瓶液面与气体计量瓶液面调整到同一水平面，由此可读出脱出气体的体积。通过称量地层油进入分离瓶前、后的质量可以得出脱气原油的质量（即地层油进入分离瓶前、后分离瓶的质量差），得到放出的油在油藏条件下的体积、脱出气体的体积以及脱气原油质量之后，即可进行相关参数的计算。

三、实验装置及设备

地层油单次脱气的实验仪器如图 2-23 所示。它是在地层原油物性仪的基础上，在

PVT筒放油阀门连接一个油气分离瓶、气体计量瓶、气体指示瓶和平衡瓶而构成的。

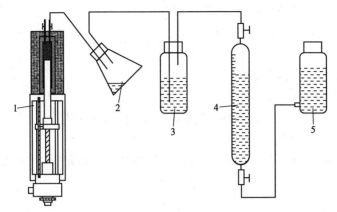

图2-23　地层油单次脱气实验装置示意图
1—分析器；2—油气分离瓶；3—气体指示瓶；4—气体计量瓶；5—平衡瓶

四、实验方法及步骤

（1）将溶有气体的地层油转到分析器（PVT筒）内，并将温度、压力升高到油藏条件。在加压过程中，用摇摆系统和搅拌块进行搅拌，使气体全部均匀地溶到油中。

（2）按图2-23所示在PVT筒上端阀门连接直径为3mm的高压管线，管线的另一端连接质量为W_1的油气分离瓶，分离瓶与装有饱和盐水的气体计量瓶相连接。

（3）检查放气系统是否漏失，如不漏失，将计量瓶的液面升到计量瓶的入口处。

（4）在地层压力下读取并记录PVT筒放油前的体积读数V_1。

（5）缓慢进泵并慢慢打开PVT筒上部阀门，在保持PVT筒内压力（可略高于油藏压力）的条件下向分离瓶中放入10mL左右的原油。原油进入分离瓶的速度不应大于每秒钟1滴。

（6）从分离瓶内的原油中分离出的气体进入气体计量瓶并排出瓶内的盐水，当脱气量满足要求后，关闭PVT筒上的阀门，在保持PVT筒内的压力、温度与放油前的压力、温度相同的条件下，读取PVT筒的体积读数V_2。

（7）将平衡瓶液面与计量瓶的液面调整至同一水平面，然后从气体计量瓶上读出脱出气体的体积V_g。

（8）从PVT筒上取下分离瓶，并称重W_2。

（9）按上述步骤重复测定三次，并将测定数据记录在表2-21中。

五、实验数据处理

在20℃下测出脱气原油的密度ρ_o以及分离出气体的密度ρ_g。

脱气原油的体积V_o可根据式（2-21）计算：

$$V_o = \frac{W_o}{\rho_o} = \frac{W_2 - W_1}{\rho_o} \qquad (2-21)$$

式中　W_o——脱气原油的质量，g。

脱出的气体在标准状况下的体积V_g为：

$$V_g = (V_{og} - V_o)A \qquad (2-22)$$

式中　V_{og}——从 PVT 筒中放出的气体体积，cm^3；

　　　A——将气体转换成标准状况下体积的换算系数。

$$A = \frac{0.3857(p_0 - Q)}{273.15 + t} \qquad (2-23)$$

式中　p_0——大气压力，mm 汞柱；

　　　t——周围介质的温度，℃；

　　　Q——在温度为 t（℃）的条件下的水蒸气压力，mm 汞柱。

Q 可从图 2-24 中查得。

分离出的气体质量 W_g 是由标准状况下的气体体积 V_g 乘以气体的密度 ρ_g 得到的，即

$$W_g = V_g \rho_g \qquad (2-24)$$

原油的油气比 R_s 为：

$$R_s = \frac{V_g}{V_o} \qquad (2-25)$$

原油的体积系数 B_o 为：

$$B_o = \frac{V_{of}}{V_o} \qquad (2-26)$$

式中　V_{of}——从 PVT 筒中放出的溶有气体的原油体积（$V_{of} = V_1 - V_2$），cm^3。

原油的收缩率 S_o 为：

$$S_o = 1 - \frac{1}{B_o} \qquad (2-27)$$

地层原油的密度 ρ_{of} 为：

$$\rho_{of} = \frac{W_o + W_g}{V_{of}} \qquad (2-28)$$

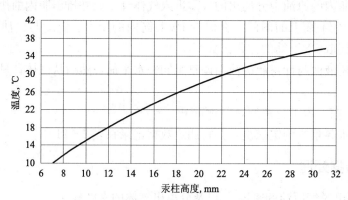

图 2-24　饱和 NaCl 水溶液蒸汽压力

根据以上的计算公式可计算出所求的各个参数，并将各次的计算结果求出平均值即为所求的数值。上述数据处理过程可以利用表 2-21 进行。

最后计算结果应符合下列要求方为合格：

油气比在 $30m^3/t$ 以下，误差小于 $\pm 1m^3/t$；

油气比为 $30 \sim 60m^3/t$，误差小于 $\pm 1.5m^3/t$；

油气比在 $60m^3/t$ 以上，误差小于 $\pm 2m^3/t$；

体积系数误差为±0.0006。

如果不符合上述要求，应找出产生误差的原因，并重新进行测定。

表 2-21 地层油单次脱气分析计算记录

油 田：_____ 层 位：_____ 井 号：_____

地层压力：_____ MPa 地层温度：_____ ℃ 取样器号：_____

取样日期：___年__月__日 仪器编号：_____ 饱和压力：_____ MPa

脱气压力：_____ MPa 室内温度：_____ ℃ 大气压力 p_0：_____ mm 汞柱

水蒸气压力 Q：_____ mm 汞柱 校正系数 B：——————

气体在 20℃时的密度 ρ_g：_____ g/cm³ 脱气原油在 20℃时的密度 ρ_o：_____ g/cm³

气体换算到标准状况下体积换算系数 $A = \dfrac{0.3857(p_0 - Q)}{273.15 + t} = $ _____

名　　称		行号	计算公式	脱 气 次 数			平均值
				1	2	3	
计量泵读数 cm³	放油前	1					
	放油后	2					
	读数差	3	(1) － (2)				
脱气前油质量 g	瓶重	4					
	油重＋瓶重	5					
	油重	6	(5) － (4)				
脱气原油体积，cm³		7	(6) /ρ_o				
脱出气量 cm³	测量	8					
	校正	9	(8) ×B				
	扣除原油后的体积	10	(9) － (7)				
	折算体积	11	(10) ×A				
气体质量，g		12	(11) × ρ_g				
油气比	质量油气比，m³/t	13	(11) / (6)				
	体积油气比，m³/m³	14	(11) / (7)				
体积系数		15	(3) / (7)				
收缩率，%		16	$\dfrac{(15)-1}{(15)}$				
地层油密度，g/cm³		17	$\dfrac{(6)+(12)}{(3)}$				
平均溶解系数，m³ (m³·MPa)		18	14/p_b				

六、实验要求

（1）向油气分离瓶中放油时，阀门一定要缓慢打开，并且要及时进泵，防止 PVT 筒的压力降低发生脱气现象。

（2）进行脱气之前，需要先将气体计量瓶调零。

第三章　工程技术基础实验

第一节　有杆泵及其抽油原理

一、实验目的

（1）掌握有杆泵抽吸原理，熟悉游梁式抽油机主要部件组成、各部件名称结构及其工作原理。

（2）观察模拟泵在井筒内的工作状况，了解气体对泵效的影响及气锚的分离效果，掌握计算泵效的一般方法，确定泵效。

（3）通过学生动手拆卸、组装杆式泵、管式泵，熟悉并掌握有杆泵主要部件组成、各零部件名称、结构及其工作原理。

二、实验原理

1. 抽油机工作原理

电动机的高速旋转运动通过皮带轮和减速箱减速传递给曲柄轴，带动曲柄做低速旋转运动，经曲柄、连杆、横梁带动游梁做上下摆动，挂在游梁驴头上的悬绳器便带动抽油杆柱做上下往复运动，从而带动泵柱塞做上下往复运动。

2. 抽油泵工作原理

有杆泵是由泵筒、衬套、柱塞、游动阀、固定阀组成的。泵的工作由三个基本环节组成，即柱塞在泵内让出容积，液体进泵和从泵内排出液体。在理想的情况下，柱塞上下一次进入和排出的液体等于柱塞让出的容积。上冲程，抽油机带动抽油杆连接柱塞一起向上运动，柱塞上的游动阀受柱塞上油管液柱压力作用而关闭，与此同时，泵腔内由于柱塞上行让出容积而压力降低，固定阀在油套环形空间液柱压力的作用下被冲开，液体被吸入泵腔内，上冲程为泵吸液而油井排液的过程。下冲程，柱塞下行，固定阀关闭，泵腔内压力升高，当泵腔内压力大于柱塞以上液柱压力时，游动阀被冲开，泵腔内液体通过游动阀排入井筒中，如图 3-1 所示。柱塞上下一次为一个冲程，在一个冲程内完成一次进液和排液过程。

3. 气锚分离原理

气锚是井下油气分离装置，其基本原理是建立在油气密度不同而起到油气分离作用。气锚可分为旋转式、沉降式等，其结构如图 3-2 所示。气锚安装在抽油泵的末端。对于沉降式气锚，当柱塞上行时，由于抽吸和管外液柱压力作用，油和气进入锚内，又由于油气密度的差异，气体大部分上浮于气锚的上端，而液体则沉降于气锚的下端；当柱塞下行时，由于泵的阀被关闭，气锚内液体处于静止状态，这时气体上浮自气锚上端的排气孔跑出，进入管外油套环形空间，而脱气原油自气锚中心管的下开口被吸入到泵腔内，从而达到防止气体进泵，提高泵效的目的。

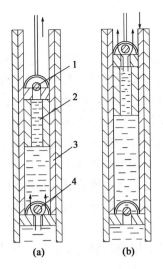

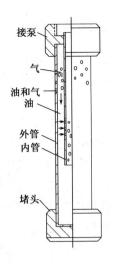

图 3-1 泵的工作原理图

（a）上冲程；（b）下冲程

1—排出阀；2—活塞；3—衬套；4—吸入阀

图 3-2 气锚结构示意图

三、实验装置及设备

有杆泵抽油实验装置主要由井筒和抽油机两大部分组成。

如图 3-3 所示，井筒部分包括吸入阀、泵筒、活塞、排出阀、抽油杆、油管、套管、三通、密封填料盒等组成；抽油机由驴头、游梁、连杆、曲柄、减速箱、电动机等组成。此外，本实验还需要量瓶、供液瓶、空压机等设备。

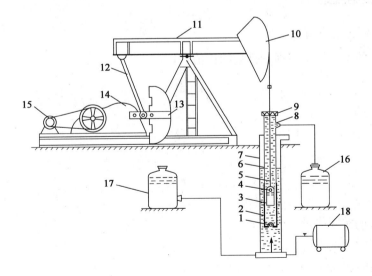

图 3-3 抽油装置示意图

1—吸入阀；2—泵筒；3—活塞；4—排出阀；5—抽油杆；

6—油管；7—套管；8—三通；9—密封填料盒；10—驴头；

11—游梁；12—连杆；13—曲柄；14—减速箱；15—电动机；

16—量瓶；17—供液瓶；18—空压机

四、实验方法及步骤

（1）熟悉实验原理、流程，在检查电源、气源、水源各管线接头均处于完好的状态下，向供液瓶内加水，给井筒提供一定的液面高度。在检查抽油机无卡阻，且无人触及抽油机旋转部件的情况下启动抽油机，柱塞在井筒内做上下往复运动。此时，注意观察柱塞在上、下冲程中游动阀、固定阀的开关情况以及柱塞漏失情况，了解本模拟井影响泵效的因素。

（2）用尺子测出抽油机驴头上下死点光杆的距离，即光杆冲程 S。每次实验，都要测定从开机到关机的时间，以及光杆或活塞上下往复次数 N，从而计算冲次 n。

（3）实测无气体、无气锚泵的排量，观察泵的工作情况。将出液管放入量瓶内，启动抽油机，以出液管排出液体开始计时，当抽出液体达到量瓶刻度时停止计时，关闭抽油机，将量瓶内液体补充到供液瓶内。

（4）实测有气体、无气锚泵的排量，观察气体对泵效的影响。启动空压机，给井筒内送入气体，调整气量平稳后启动抽油机，测量方法同（3）。

（5）实测有气体、有气锚泵的排量，观察气锚的防气效果。起出油管及泵，安装气锚，将油管下入井筒中，保持气量不变的情况下测量数据，测量方法同（3）。

（6）拆卸、组装管式泵、杆式泵，了解和掌握泵各零部件的功能及工作原理，了解管式泵与杆式泵在结构上的不同之处及各自的适用条件。

实测数据要求分 3 种不同条件下每组测 2 次，记录实测时间 t_1、t_2，光杆冲程 S_1、S_2。在实测时间内光杆往复次数 N_1、N_2 列入表 3-1 中，取 2 次平均值 $\bar{t}$、$\bar{s}$ 作为计算泵效的数据。

五、实验数据处理

1. 泵效的定义及计算

泵效是指泵的实际排量与理论排量的比值，即

$$\eta = \frac{Q_p}{Q_t} \tag{3-1}$$

$$\eta = \frac{Q_p}{1440 f_p S n} \tag{3-2}$$

$$f_p = \frac{\pi}{4} D^2 \tag{3-3}$$

式中　Q_p——泵的实际排量，m^3/d；

　　　Q_t——泵的理论排量，m^3/d；

　　　f_p——泵的柱面积，m^2；

　　　D——泵的柱塞直径，m；

　　　S——光杆冲程，m；

　　　n——冲次，次$/min$。

2. 数据记录

实验数据记录于表 3-1 中。

表 3-1 实验数据记录表

	t_1 min	t_2 min	$\bar{t}$ min	S_1 m	S_2 m	$\bar{S}$ m	N_1	N_2	$\bar{N}$
无气体，无气锚									
有气体，无气锚									
有气体，有气锚									

3. 实验结果分析

（1）绘图并说明管式泵各零部件名称及泵的工作原理。

（2）分析影响泵效的因素（本实验井），并提出提高泵效的措施。

（3）对测定的泵效 η 进行对比、分析并加以说明。

（4）泵在上、下冲程中是否都有排量？排量是否一样？为什么？

六、注意事项

（1）实验中注意仪器的正确使用以及记录数据的正确性。

（2）每次实验后要将抽吸的液体补充到供液瓶中。

（3）实验完毕后要将实验仪器整理好。

第二节 自喷、气举实验

一、实验目的

（1）了解、掌握自喷、气举采油的基本工作原理。

（2）观察了解气、液在垂直管内流动过程中，由于气体运动速度大于液体运动速度以及黏度、密度不同而引起的滑脱现象。

（3）了解气举阀的结构、用途及工作原理。

二、实验原理

在垂直管流中，沿井筒自下而上随着压力不断降低，当压力低于饱和压力时，气体则不断从原油中分离出来；分离出来的气体在沿井筒上升过程中不断释放弹性膨胀能量，该能量参与举升液体而做功。利用气体膨胀能量举升液体，依靠两种作用：一是气体作用于液体上垂直顶推液体上升；另一种是靠气液之间的摩擦作用，气体携带液体上升。为使气体能量在举油出井过程中消耗最小，达到提高效率的目的，必须确定油井的最佳工作制度。

三、实验装置及设备

如图 3-4 所示，本实验装置可模拟两种采油方法，即自喷、气举采油。设备包括油压表、套压表、套管、油管、气举阀、气体流量计、液体流量计、分离器、气动定值器、空压机等。

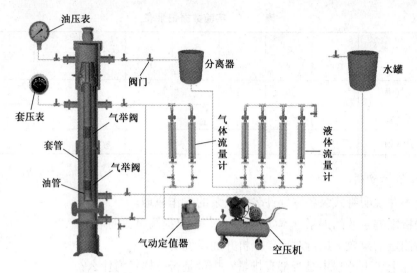

图 3-4　自喷、气举装置流程示意图

四、实验方法及步骤

1. 观察流动形态

在检查各罐、管线、流量仪表、空压机等均处于完好状态下，向沉降罐内加水，并加入示踪剂，打开和关闭相应的阀门，使油井处于自喷状态，给井筒提供一定高度的静液面。当 $p_{井口} > p_{饱}$ 时，液体沿井筒上升至井口是靠井底压力即静水压头的作用，此时只有纯液体在管内流动。在实际生产中，井口压力一般都是低于饱和压力的。启动空压机，慢慢开启气动定值器，当井底刚刚有小气泡出现时即为气泡流，此时液相为连续相，气相只以小气泡状态分散于液相中，气泡所占垂直管断面比值很小，流速也不高；当气体运动速度大于液体运动速度时，气泡很容易从液体中滑脱出来，称为滑脱现象。滑脱现象引起的能量损失为滑脱损失。继续开启气动定值器增加气量，小气泡合并成大气泡，直到能占据整个垂直管断面时，油管中将出现一段液、一段气的段塞状结构，即段塞流，此气体顶推液体上升，气体的膨胀能量得到很好的利用，对液相有很大的举升力，这种流态是自喷井中的主要流动结构。气体段塞很像一个破漏的柱塞，不可能将其上面的液体全部举升上去，此时摩擦损失因流速增大而增加。继续增大气量，则气体段塞不断伸长，逐渐从井筒中央突破，形成井筒中心为连续气流而四周管壁为环状液流，称为环状流。环状流条件下气流上升的速度增大，气体靠它与液体之间的摩擦携带着液体上升。此时，气体携带液体的能力仍很高，滑脱损失降低，摩擦损失因流速上升而增大。继续增大气量，中心气柱将完全占据井筒断面，此时液流以极细的液滴分散于气柱中，气相为连续相而液相为分散相，气体的膨胀能量表现为以很高的流速将液体携带到地面，此流态称为雾状流。雾流流态条件下摩擦损失很大，滑脱损失因气、液相对速度不大而较小。5 种流动形态如图 3-5 所示。观察结束停止供气。

2. 测量气、液产量

调整井筒内液面高度，待液面平稳后，开启气动定值器，气量由小向大慢慢增加，井筒内刚刚有连续小气泡即可测第一点。气体流量计、液体流量计可同时读数。再慢慢开启气动定值器，增大气量，测第二点。如此测 10 点以上，根据实测气产量（V）、液产量（Q）即

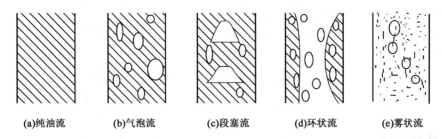

| (a)纯油流 | (b)气泡流 | (c)段塞流 | (d)环状流 | (e)雾状流 |

图 3-5 自喷井流动形态示意图

可绘出 Q-V 曲线，液产量也可以用容积计算法获得。

注意事项：气动定值器每次不能调得太大，控制气量在流量计 0.4 刻度左右。由于气体流量波动，气体流量计浮子上下跳动，可读浮子经常在某刻度跳动时的数值或浮子上下跳动的平均值，如图 3-6 所示。

3. 气举实验

调整井筒内液面高度，关闭向井底进气阀门，打开套管阀门，使气体通过套管阀门进入油套环形空间。慢慢开启气动定值器，油套环形空间液面下降，当液面降到气举阀以下时，气举阀打开，气举阀以上油管内混入气体。继续增加气量，使液面达到油管鞋处，气举开始，可观察各种流动形态，其原理与自喷井相同。如测气液产量，同样可绘出 Q-V 曲线。

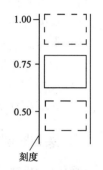

图 3-6 气体计量计工作原理图

五、实验数据处理

将实验数据记录在表 3-2 中，并进行实验结果分析。

表 3-2 自喷井 Q-V 数据记录表

	1	2	3	4	5	6	7	8	9	10	11	12
时间												
Q, L/h												
V, m³/h												

（1）描述自喷井的 5 种流动形态及滑脱现象。

（2）绘出模拟井实验流程图，要求标明气液流路线。

（3）根据实测数据（数据要列表），绘制如图 3-7 所示的 Q-V 曲线，并根据曲线分析在自喷（或气举）采油中选择油井的合理工作制度时应如何充分利用气体能量。

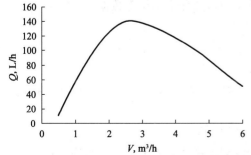

图 3-7 自喷井 Q-V 曲线（参考）

六、实验要求

（1）实验中注意仪器的正确使用与记录数据的正确性。

（2）气动定值器每次不能跳得太大，控制气量在流量计 0.4 刻度左右。由于气体流量波动，气体流量计浮子上下跳动，可读浮子经常在某一刻度跳动时的数值或浮子上下跳动的平均值。

（3）实验完毕后要将实验仪器整理好。

第三节　有杆泵抽油动态曲线的测定

一、实验目的

（1）掌握有杆泵抽油泵效的测定方法。

（2）掌握有杆泵抽油机平衡的实测方法。

（3）掌握影响有杆泵抽油泵效的各种因素及基本规律。

（4）掌握计算机采集数据的基本方法。

（5）掌握浮子式流量计的使用及调试方法。

（6）掌握计算机绘图的基本方法。

二、实验原理

地面电动机通过皮带轮将旋转运动传递给减速箱输入轴，经过三轴两级减速，传递给曲柄轴，带动曲柄做旋转运动，经曲柄、连杆、天轮、游绳将旋转运动转化为上下往复运动，经悬绳器传递给抽油杆柱，从而带动泵柱塞做上下往复运动，实现抽油。通过测定完成一个冲程所用的时间计算冲次，根据泵工作原理计算泵的理论排量；通过进液阀门调节进入井筒的流量，在达到环空液面稳定的条件下，由流量计测得实际流量；计算实际流量与泵理论排量比值，得到泵效。通过改变冲次、动液面位置、进气量，测定相应的泵效与实际排量，泵效、实际排量与抽吸参数之间的关系曲线即为有杆泵抽油动态曲线。

三、实验装置与设备

1. 抽油动态曲线测定装置

实验装置如图 3-8 所示。已知深井泵的泵径为 50mm。其余参数可自行测量得到。

（1）抽油杆和深井泵。抽油杆用 ϕ16mm 圆钢制成，总长为 14.5m。深井泵由 ϕ150mm×8mm 有机玻璃管制成泵筒，设上、下阀。泵柱塞为不锈钢制成，直径为 50mm。

（2）仪表。

浮子流量计分上、下层各 3 组，每组 6 个流量计，分别测油、气、水流量，配有流量传感器采集流量数据；配备井底精密压力表 2 块以及压力传感器采集压力数据。

（3）气源。

空压机 1 台，用以提供气源，可自动启动、停止。

（4）油管、套管。

油管用 ϕ50mm×8mm 有机玻璃管制成。套管内径为 120mm，外径为 160mm，有机玻璃管制成。

（5）钳形电流表。

利用钳形电流表测抽油机是否平衡，即用钳形电流表测抽油机上、下冲程峰值电流。当上、下冲程峰值电流相同时，认为抽油机在平衡条件下工作。

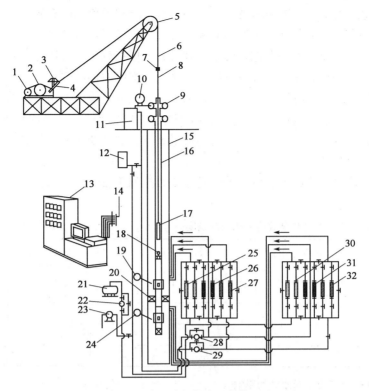

图 3-8 抽油动态曲线测定装置流程图

1—电磁调速电机；2—减速器；3—曲柄块；4—曲柄；5—天轮；6—游绳；7—方卡子；8—抽油杆；9—井口；10—油压表；11—分离器；12—上水罐；13—计算机采集数据系统；14—压力、流量接线；15—套管；16—油管；17—柱塞；18—泵固定阀；19—上层压力表（传感器）；20—封隔器；21—空压机；22—气流量传感器；23—上水泵；24—下层压力表（传感器）；25—上层气流量计；26—上层水流量计；27—上层油流量计；28—水流量传感器；29—油流量传感器；30—下层气流量计；31—下层水流量计；32—下层油流量计

2. 实验装置功能

（1）不同冲次条件下泵抽吸纯液体、气液混合物时泵吸入曲线—流入动态曲线。

（2）同一冲次、冲程，同一产气量条件下，泵抽混气液体时泵吸入曲线—流入动态曲线。

（3）不同沉没度、不同冲次条件下抽吸纯水时的泵效曲线。

（4）不同气液比条件下，不同沉没度时抽吸气液混合物时的泵效曲线。

实验中，学生可根据自己的兴趣及所关心的问题，在上述 4 项功能中任选 2 项完成。

四、实验方法及步骤

1. 实验准备工作

仔细阅读实验教材，明确实验目的，熟悉实验装置流程，掌握实验步骤与操作注意事项。

2. 实验步骤

在选择欲测曲线后，应进行如下操作：

（1）检查电源、水源、装置流程及主要设备是否有异常现象；若有异常，及时报告并排除。抽油机应在井内未充水条件下工作半分钟，观察工作是否正常。

（2）向井筒内注入液体时应平稳，流量不宜过大，仔细观察井底法兰、套管接头、仪表接口处是否有漏失；若有漏失，则应及时倒流程排水，维修后再注水。

（3）启动抽油机前，应特别注意安全，在抽油机支架下及曲柄侧面不能站人。

（4）启动抽油机调节流量计进口或旁通阀，向井内提供液体。当井内环空液面稳定时，即沉没度已确定，记录井底气体、液体压力与流量数据。在改变实验条件时，要善于用手动阀控制稳定液面，此时抽油机一直工作。

（5）将所测气体与液体压力、沉没度以及流量数据列于表3-3至表3-5中，并严格注明测试条件。

表3-3 冲次对泵效的影响（沉没度＝　　m，气液比＝　　m³/m³）

序号	冲次 次/min	每冲程用时 s	产液量 m³/h	产气量 m³/h	液体压力 MPa	气体压力 MPa
1						
2						
3						
4						

表3-4 沉没度对泵效的影响（冲次＝　　次/min，气液比＝　　m³/m³）

序号	沉没度 m	每冲程用时 s	产液量 m³/h	产气量 m³/h	液体压力 MPa	气体压力 MPa
1						
2						
3						
4						

表3-5 泵吸入口气液比对泵效的影响（沉没度＝　　m，冲次＝　　次/min）

序号	泵吸入口 气液比 m³/m³	每冲程用时 s	产液量 m³/h	产气量 m³/h	液体压力 MPa	气体压力 MPa
1						
2						
3						
4						

（6）调冲次时，为安全起见，电动机转速不能过大，按表3-6调节，转速不能大于560r/min。

表3-6 电动机转速与冲次关系

电动机转速，r/min	210	290	400	475	560
冲次，次/min	4	6	8	10	12

（7）空压机是提供气源的，可自动启停，当测气液混物时开启。

（8）井筒上标明 1、2、3 等位置，间隔 1m，可为观察人员提供准确的液面位置，同时记录所采集的压力、流量数值。

（9）每次测数据时，同时判定抽油机是否在平衡条件下工作。

五、实验数据处理

（1）根据所测井液位高度 H、气液比 R、气量 Q_g、液量 Q_L、气体压力 p_g、液体压力 p_L、冲次 N 及其他有关数据，绘制不同条件下有关泵效与流入动态曲线。

（2）按所绘制的曲线分析，提出提高泵效的措施。

六、实验要求

（1）根据所选择要测的曲线绘制出相应的泵工作时的流入动态曲线及泵效曲线。

（2）实验报告应注明实验条件、数据资料等，要绘制出 $Q_L - N$、$Q_L - H$ 以及不同气液比 R、不同 H 时的泵效与沉没度即 $\eta - H$ 关系曲线，并应进行曲线分析，提出提高泵效的措施。

第四章 综合设计实验

第一节 钻井工艺技术实验

钻井工艺技术实验为综合性实验，由岩石可钻性试验与钻井工艺虚拟实验组成，其中钻井工艺模拟实验包括钻井技术参数配合实验、高压射流破岩原理实验、钻井液携带岩屑模拟实验以及井下工具结构与工艺模拟实验。下面将对各实验的原理、技术、方法等进行介绍。

一、岩石可钻性测定

1. 实验目的

该实验目的是了解钻进岩石的难易程度，熟练操作仪器，掌握岩石可钻性的测定方法。

2. 实验原理

（1）利用微钻头试验测微钻头钻速。

（2）利用中国石油石化行业标准划分岩石可钻性级别。

图4-1 岩石可钻性测试仪

3. 实验装置及设备

岩石可钻性测试仪如图4-1所示。

4. 实验方法与步骤

1）岩样制备

岩样制备见第一章第一节。

2）实验条件

微钻头直径为31.75mm，钻压为882N，转速为55r/min，钻深为2.4mm。

3）可钻性分级

目前我国岩石可钻性分为3大类10级，见表4-1。

表4-1 岩石可钻性分级

类 别	I 软				II 中			III 硬		
	一级	二级	三级	四级	五级	六级	七级	八级	九级	十级
钻速，m/h	>2	2~1	1~0.5	0.5~0.3	0.3~0.1	0.1~0.06	0.06~0.03	0.03~0.01	0.01~0.008	0.008~0.004

4）实验步骤

（1）卸下工作台，放好岩屑杯。

（2）安装微钻头放入主轴孔内，将工作台安装牢靠。

（3）将岩样平面对准微钻头，置于工作台上，用顶杆压紧岩样。

（4）上好砝码杆，松开尾杆，移动平衡块，调平杠杆。

（5）加砝码 9 个，调整升降杆，使杠杆水平。

（6）转动测深盘，使指针指零左边 0.2mm 处，固定测深盘。

（7）使秒表对零，启动马达，测深盘指针指零时按秒表开始计时。

（8）测深盘指针指示 2.4mm 时，按停秒表，关马达，记录秒表数字。

（9）支起尾杆，移动岩样，钻另 1 个孔。每块岩样按上述步骤钻 3 个孔。

5. 实验数据处理

1）数据处理

（1）微钻速值取四位有效数值。

（2）较均质岩石以 3 个孔的微钻速算术平均值、非均质岩石以 3 个孔微钻速的几何平均值作为该块岩样的微钻速值。

2）实验结果

微钻头钻速为：

$$v = 8.64/T \qquad\qquad (4-1)$$

式中　v——钻头钻速，m/h；

　　　T——钻进时间，s；

　　　8.64——换算常数。

6. 实验要求

实验过程中应严格按实验操作规程进行实验，记录数据要求完全、准确、整齐、清楚，实验数据不合格者须重做。实验完毕，整理好仪器和实验台。

二、钻井工艺虚拟实验

1. 实验目的

（1）了解钻井工艺的基本装置与工艺过程。

（2）验证钻压 p、转速 n、排量 Q 与机械钻速 V 的关系。学会优选 p、n、Q 的方法。

（3）了解高压射流破碎岩石的机理及其规律。

（4）了解不同射流压力、射流时间、射流距离等参数对同一岩样破碎规律的影响。

（5）了解钻井液携带岩屑模拟实验装置的组成及功能。

（6）观察在直井、斜井、水平井中钻井液携带岩屑的流动状态以及岩屑颗粒在环形空间中的运移规律。

（7）了解影响岩屑运移的因素。

（8）了解常用井下工具的结构、工作原理与技术规格。

（9）掌握常用井下工具的安装位置与使用方法。

实验者可以通过浏览器观察虚拟实验过程，通过鼠标的点击以及拖曳动作来操作和控制虚拟实验。在钻井工艺虚拟实验室系统中，学生通过虚拟实验室就可以观察到各种实验设备，通过动手操作得到实验结果。

2. 实验原理

1）钻压、转速对钻速的影响

钻压、转速是直接作用于井底以破碎岩石的基本参数。由于钻压、转速是通过钻头破碎岩石的，它们的作用不仅对钻速有影响，同时也会影响钻头的磨损速度与工作寿命。因此，在优选钻压、转速时，必须考虑这两个方面的影响，确定合理的最优配合。

莫勒（Mourer W C）通过单齿压入实验，测得岩石破碎体积（V_c）与钻压（p）的平方成正比，而与岩石抗压强度 S 的平方成反比，并由此得出了井底岩屑能及时清除而不发生重复破碎条件下钻速（v_m）的数学模型。

$$V_c \propto \frac{p^2}{S^2}$$

$$v_m = \frac{inv_c}{A}$$

$$v_m \propto \frac{inp^2}{AS^2} \tag{4-2}$$

式中　　i——钻头每转一周作用于井底的齿数；

n——钻头转速，r/min；

A——井底面积$\left(A=\frac{1}{4}\pi D^2\right)$，$mm^2$；

D——钻头直径，m。

岩石性质与钻头类型一定时，式（4-2）可用式（4-3）表示：

$$v_m = K\frac{np}{D^2} \tag{4-3}$$

式中　　K——与钻头类型及岩石强度有关的比例常数。

图4-2是罗莱（Rowley D S）用直径为 $4\frac{3}{4}$in 牙轮钻头在白云岩上用清水冲洗井底做钻进试验。测得钻压、转速分别与钻速的关系曲线。由图4-2可见，钻速基本上与钻压平方成正比，而与转速呈线性关系。这与莫勒的结论基本一致，只是当转速超过 300r／min 后，钻速不再与转速成正比。

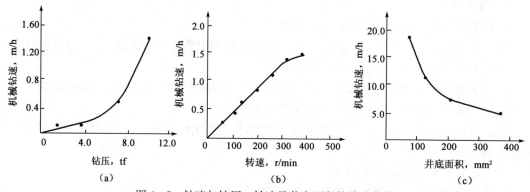

图4-2　钻速与钻压、转速及井底面积的关系曲线

(a) $n=60$r/min，$v_m \propto p^2$；(b) $p=2.15$tf，$v_m \propto n$；(c) $p=1.35$tf，$n=60$r/min，$v_m \propto A^2$

图4-3是在油田做钻进试验的典型拟合曲线。其中图（a）是在其他钻进参数保持不变的情况下钻压与钻进的关系曲线。由图可见，最初因钻压很小，岩屑量少，井底净化充分，钻速则沿 $0a$ 段与钻压平方成正比。继续增加钻压，岩屑量相应增多，但因水力参数不变，井底净化条件逐渐变差，钻速增长率逐步下降而沿 ab 段几乎与钻压成线性关系。此后再增加钻压，井底净化条件将严重恶化，钻速增长更慢，至 c 点便不再增长，甚至还有所下降。

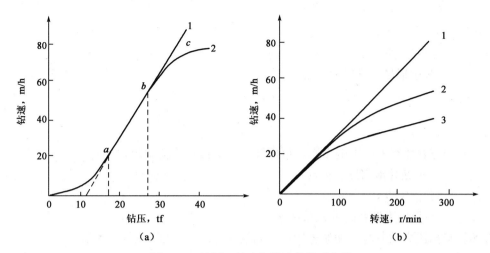

图 4-3 钻压、转速与钻速的关系曲线

(a) $v_m \propto f(p)$，1—井底净化充分，2—井底净化不够充分，(b) $v_m = f(n)$，1—净化充分，
2—净化不充分，3—硬地层，净化不充分

钻井实践证明，在目前通用的钻压范围内钻压一般都与钻速成线性关系，因为钻压小于
p_a 时，钻速增长率虽比较高，但因钻压过低，钻速很慢，一般都不采用；钻压超过 p_b 以
后，井底净化条件难以改善，钻头磨损也会加剧，限制了钻压的进一步加大。因此，通常都
以图 4-3（a）中的直线段 ab 建立钻压与钻速的定量关系，即

$$v_m \propto (p - M) \tag{4-4}$$

式中　M——门限钻压，它是 ab 线在横轴上的截距，相当于牙齿开始压入岩层时的钻压，
　　　　　其数值主要与岩层性质有关。

不少钻井工作者也用幂函数来反映钻压与钻速的关系，即

$$v_m \propto p^a \tag{4-5}$$

钻压指数 a 主要与岩层性质有关。在油田常用的钻压范围内，由上述两式反映的相互
关系往往差别不大。因此，在目前通用的钻速数学模式中，采用上述两式之一者都有
存在。

图 4-3（b）是在钻压和其他钻进参数保持不变的条件下转速与钻速的关系曲线，通常
都以式（4-6）表示：

$$v_m = p^{\lambda} \tag{4-6}$$

转速指数 λ 一般都小于 1，其数值与岩层性质有关。

2）排量对钻速的影响

在杨格模式中引入了考虑井底压差与水力参数影响的修正系数，便有了目前广泛采用的
修正杨格模式，即

$$v_m = KC_P C_H (p - M) n^{\lambda} \left(\frac{1}{1 + C_2 h} \right) \tag{4-7}$$

式中　C_P——压差影响系数；

　　　C_H——水力参数影响系数；

　　　K——口袋系数；

　　　p——钻压，kN；

M——门限钻压，kN；

n——转速，r/min；

C_2——钻头磨损系数；

h——牙齿磨损量，以牙齿的相对磨损高度来表示，新钻头 $h=0$，牙齿全部磨损 $h=1$。

$$C_P = \frac{v_m}{v_{m0}} = e^{a_3 H(G_p - \rho)} \qquad (4-8)$$

式中　H——井深，m；

a_3——与岩性有关的影响系数，可由统计分析钻井资料确定；

G_P——当量钻井液密度，g/cm³；

ρ——钻井液密度，g/cm³；

v_{m0}——平衡压力钻井时的机械钻速，m/h。

在实施平衡压力钻井时，泥浆密度等于岩层孔隙压力梯度，则 $C_P=1$。

$$C_H = \frac{EN_b}{EN_{b\pi}} \qquad (4-9)$$

式中　EN_b——实际的钻头比水功率，kW/mm²；

$EN_{b\pi}$——井底充分净化时要求的钻头比水功率，kW/mm²。

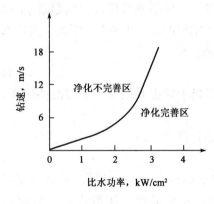

图 4-4　钻速与钻头比水功率关系曲线

井底充分净化时所要求的最低钻头比水功率可由美国阿莫柯研究中心通过实验拟合的钻速与钻头比水功率关系曲线（图 4-4）确定：

$$N_{bn} = 0.8527 v_{mn}^{0.31} \qquad (4-10)$$

式中　v_{mn}——井底充分净化时的钻速；

N_{bn}——井底充分净化时的最低钻头比水功率，kW/mm²。

当实际提供的钻头比水功率超过充分净化所需要的最小钻头比水功率时，则水力参数影响系数仍取 $C_H=1$。

3）高压射流破岩

（1）水力破岩理论分析。

高压水射流破岩是高压水射流技术应用的一个重要方面。高压水射流钻井技术的出现，促使水射流理论及水射流破岩理论的进一步发展和完善。加强对高压水射流破岩机理的研究，深刻认识和揭示其破岩机理与过程，对促进高压水射流破岩钻井技术的发展具有极其重要的理论与应用价值。虽然在过去的几十年中，国内外学者已经进行了一些有关高压水射流破岩基本过程、高压水射流切割岩石的理论模型、水射流的冲击动载等方面的研究，但由于水射流破岩体系的复杂性，在理论分析和试验研究方面均有较大困难，现有理论模型对水射流破岩过程简化过多，且大多停留在假设阶段，没有涉及破碎过程的本质，许多研究要点因为存在较大难度而被忽略，许多关键问题尚未解决或引起重视，因此导致高压水射流破碎岩石的真实物理机制尚不清晰，从而制约了水射流破岩理论技术的发展。因此，必须深入系统地进行高压水射流破岩机理及过程的研究。

高压水射流冲蚀破碎岩石是一个很复杂的过程，对其冲蚀理论上的研究包括射流冲击岩石引起的应力场，破碎的出现与传播，用何种理论作为破坏判断依据，确定破碎范围及影响破碎的主要因素等内容。

射流冲击无裂缝岩石时，在岩石体内产生复杂的应力状态。在应力场内除了应力外，还出现了极大拉应力和剪应力。拉应力产生的基础是：把岩石看成半空间弹性体，而把射流的冲击力看成是作用于半空间体平面上的集中应力。这样，岩石在射流的冲击作用下，其内部的应力分布情况与半空间弹性体在集中载荷作用下的应力分布相似。在冲击区下方某一深度产生最大剪应力，在接触区边界周围产生拉应力。由于岩石抗拉强度比抗压强度小 $16\sim80$ 倍，抗剪强度比抗压强度小 $8\sim15$ 倍，因此，冲击产生的压应力还未达到岩石的极限抗压强度，而拉应力与剪应力已经超过了岩石的抗拉与抗剪强度，并且在岩石中形成裂缝。裂缝初步形成和汇交后，在射流冲击压力作用下，水浸入裂缝空间。这时，岩石中的受力情况与岩石体中锲入一个刚体楔子相似（图 4-5），裂缝产生一定的应力场，而在裂缝尖端产生拉应力集中区。它使裂缝迅速发展和扩大，致使岩石破碎。

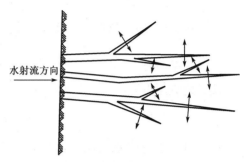

图 4-5 裂缝产生示意图

如果以射流冲击产生的动压大于或等于岩石动载荷作为破碎依据，找到射流压力、速度、波阻和岩石的动载强度、波阻率等参数的内在联系，就可以确定破碎岩石时的射流冲击力与速度的计算公式。

在动载荷和冲击加载下，岩石强度增大，许多岩石的动载荷抗压强度 $p_d = (1.2-1.4) p_y$（p_y 为抗压强度）。

在射流速度与音速比值较大时，可按式（4-11）计算射流冲击固体产生的冲击波速 c：

$$c = a_0 + k_0 v \tag{4-11}$$

式中　　a——水的波速，m/s；

v——冲击波前质点速度，m/s；

k_0——冲击常数，水射流时 $k_0 \approx 2$。

因为实际岩石与水都是可压缩的，所以冲击时质点速度跃变可表示为：

$$u_2 = v_{\text{冲}} - u_1 \tag{4-12}$$

式中　　u_1——射流中的质点速度跃变，m/s；

u_2——岩石体内的质点速度跃变，m/s；

$v_{\text{冲}}$——射流对固体的冲击速度，m/s。

考虑式（4-11）和式（4-12），岩石内质点速度与冲击力的关系如下：

$$p = \rho_2 u_2 a_2 \left(1 + k_2 \frac{u_2}{a_2}\right) = \rho_2 (v_{\text{冲}} - u_1) a_2 \left(1 + \frac{v_{\text{冲}} - u_1}{a_2}\right) \tag{4-13}$$

式中　　p——射流冲击岩石的最大压力，Pa；

ρ_2——岩石的密度，g/cm³；

a_2——岩石的波速，m/s；

k_2——岩石的冲击常数。

射流的喷嘴压力由式（4-14）计算：

$$p_j = \rho_0 u_1 a_0 \left(1 + k_0 \frac{u_1}{a_0}\right) \tag{4-14}$$

式中 a_0——水中的波速，m/s；

ρ_0——水的密度，g/cm³。

从流体和固体边界层的平衡条件得出：

$$\rho_2(v_{冲}-u_1)a_2\left(1+k_2\frac{v_{冲}-u_1}{a_0}\right)=\rho_0 u_1 a_0\left(1+k_0\frac{u_1}{a_0}\right) \tag{4-15}$$

为产生破碎，必须使射流的动压力大于或等于岩石的动载荷抗压强度，即

$$P_d\leqslant\rho_0 u_1^2/2 \tag{4-16}$$

同解式（4-15）与式（4-16），就得到产生破碎所需的临界射流速度为：

$$v_{th}\geqslant\sqrt{\frac{2p_d}{\rho_0}\left(1+\frac{\rho_0 a_0}{\rho_2 a_2}+\frac{2p_d k_0}{\rho_2 a_2}\right)} \tag{4-17}$$

临界射流压力为：

$$p_{th}\geqslant p_d\left(1+\frac{\rho_d k_0}{\rho_2 a_2}\right) \tag{4-18}$$

以上分析都是将水射流冲蚀破碎岩石的机理解释为弹性脆性体的一种破碎现象。但是由于岩石具有一定的渗透性和塑性，这种解释与实际情况往往差别很大。冲蚀机理还可以用另一种方式来说明。由于所有岩石（即使像花岗岩那样致密的岩石）都是可渗透的，所以水就能钻入岩石颗粒之间的空隙中，并对颗粒施加液压，以至于将颗粒从岩体上剥离下来。

要做到这一点，必须满足下述条件：作用在颗粒上的液压力足以克服颗粒之间的黏着力。如果把这一作用看成是水射流冲蚀岩石的主要作用，那么可以直接推知，当用水射流冲击岩石时，产生凹坑的速度极限应等于水渗入岩石空隙的速度。如果射流压力很低，使作用于颗粒上的液压力小于颗粒之间的黏着力，那么水就渗入岩石，并在岩石体内扩展渗水区；反之，若液压力很大，能将颗粒从岩体上剥离下来，这时射流产生的压力面就始终作用在不同的岩面上，宏观上形成冲蚀破碎坑。

对于砂岩来说，由于一般孔隙度和塑性系数比较大，用这种机理解释水力冲蚀现象比弹性脆性破碎的解释更符合实际。

如果假设在射流压力作用下渗入岩石体内的水按照达西定律在其中流动，根据达西定律：

$$\frac{dh}{dt}=\frac{Kp(h)}{\mu l_0} \tag{4-19}$$

式中 h——冲蚀深度，m；

t——冲蚀时间，s；

μ——水的动力黏度，N·s/m²；

K——渗透率，μm²；

l_0——最大颗粒粒度，m；

$p(h)$——一个能用实验决定的函数。

根据 G·雷宾德的切槽研究，$p(h)$ 的简便表达式是：

$$p(h)=p_m e^{-\beta h/D} \tag{4-20}$$

式中 p_m——岩面处射流轴线动压力，Pa；

β——实验常数；

D——槽宽，m。

将式（4-20）带入式（4-19）得：

$$\frac{\mathrm{d}h}{\mathrm{d}t} = \frac{K}{\mu l_0} p_\mathrm{m} e^{-\beta h/D} \qquad (4-21)$$

解此微分方程得：

$$\frac{h}{D} = \frac{1}{\beta} \ln\left(1 + \frac{\beta K p_\mathrm{m}}{\mu l_0 D} t\right) \qquad (4-22)$$

只要槽底压力 $p(h)$ 超过岩石的临界压力，此方程即有效。

若将式（4-20）展开成麦克劳林级数，则方程（4-22）解的形式为：

$$\frac{h}{D} = \frac{1}{\beta}\left(1 - e^{\frac{\beta K p_\mathrm{m}}{\mu l_0 D} t}\right) \qquad (4-23)$$

式（4-23）清楚地说明，冲蚀深度 h 随时间 t 成指数关系增加。

通过以上分析看出，对于比较致密的脆性岩石如大理石、花岗岩等，从弹性力学角度研究其破碎机理是比较适合的，但对于渗透率较大的塑性或弹塑性岩石如砂岩，可以认为其水力冲蚀的主要机理是水射流的渗透剥离作用。

（2）井底射流的基本特征。

钻头喷嘴在井底所喷出的射流属于非自由淹没射流。淹没是指射流喷出喷嘴后处于井筒内的泥浆中，被井筒内的泥浆所淹没。由于泥浆的密度比空气大得多，所以射流在出口以后就受到淹没介质的巨大阻力。非自由是指射流的运动和发展受到固体环境的限制，不能自由地运动和发展。射流冲击井底岩石后，一部分向四周散开，沿着井底横向流动形成漫流，另一部分沿着原来相反的方向返回。最后所有的射流液体都经环空返出地面。淹没非自由射流的流场很复杂，目前研究的还很少。由于本文研究的主要问题是钻头静止时射流对岩石的冲蚀破碎能力，为了使问题简化，假设这种射流为自由淹没射流，并且用纯净水代替泥浆。根据湍流射流理论，自由淹没射流具有三个基本性质：

①射流的扩散。

射流在运动过程中，由于存在横向脉动速度，射流与外流要产生动量交换，即射流要不断吸收外流介质，使本身的流量不断增加，而本身速度不断下降，从而形成射流的扩散混合区。射流混合区的内边界形成等速核区，其外边界构成整个射流的边界。当喷射出口的各个初始参数（即喷嘴出口处各水力参数）与射流外边界流场不变时，射流具有稳定的几何尺寸。

②射流的动量守恒。

射流的动量守恒原理说明，射流在运动中虽然与外流不断进行动量交换，但射流质量的增加与速度下降的幅度是相对应的，动量值等于射流的初始动量。

③射流的相似性。

射流的相似原理表明，在自由淹没射流中，诸参数（速度、动压力、温度、密度）分布剖面具有相似性，可以用与雷诺数无关的普遍无因次剖面表示，即射流中各点参数的量值是其几何坐标的函数。其关系为：射流冲击圆中任意半径处与圆心这两个位置上的参数比值，等于这一半径与冲击圆半径函数的比值。

根据上述基本特征，可以作出射流水力结构图如图4-6所示。

图4-7是用摄影法得到的射流结构外貌图。从外貌形状看，与理论的射流水力结构基本相同。拍摄快门速度为1/250s，比例为1∶2。

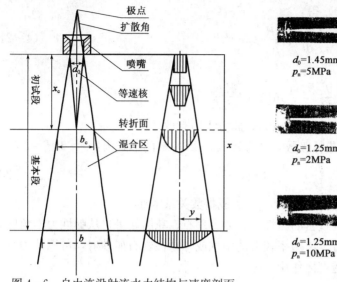

图4-6 自由淹没射流水力结构与速度剖面

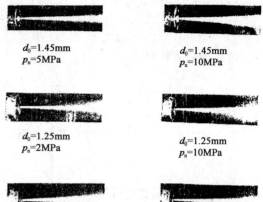

图4-7 射流结构外貌图
(p_n 为喷嘴压力)

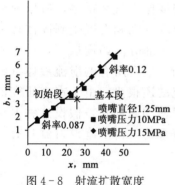

图4-8 射流扩散宽度

(3) 射流结构的计算。

①射流的扩散宽度 b。

图4-8是通过对图4-6测量得到的射流扩散宽度 b 随距离 x 的变化曲线。可以看出，初始段的扩散系数略不同于基本段的扩散系数，两条不同斜率的交点反映了初始段向基本段的转折。射流延轴线的扩散宽度可以表示为：

$$b = d_0 + kx \qquad (4-24)$$

式中　k——初始段或基本段的扩散系数。

②等速核长度 x_c。

等速核长度是射流流动特性的基本要素，一般通过实验测量。

根据图4-6，等速核长度应该是两条不同斜率交点处的横坐标值。

对直径为1.25mm的喷嘴，$x_c = 27$mm；

对直径为1.45mm的喷嘴，$x_c = 29$mm。

③射流扩散角 θ。

射流扩散角 θ 由喷嘴结构及流体性质决定，可以通过摄影法确定。通过对图4-8的测量，得到：对直径为1.25mm的喷嘴，$\theta = 5°$；对直径为1.45mm的喷嘴，$\theta = 6°$。

④射流的速度分布。

a. 轴向速度分布。

在射流的初始段内，射流轴线速度保持出口速度：

$$v_m = v_0 \qquad (4-25)$$

在射流基本段，等速核消失，轴心速度将随距离的增加而逐渐减小。若忽略转折面处的变化，把射流边界近似看作圆锥形，根据动量守恒原理可以得到：

$$\frac{v_m}{v_0} = \frac{d_0 + 2x_c \tan \dfrac{\theta}{2}}{d_0 + 2x \tan \dfrac{\theta}{2}} \qquad (4-26)$$

b. 径向速度分布。

在射流基本段，假设射流在某一截面的径向速度分布 $v(y)$ 为：

$$v(y) = Ay^3 + By^2 + Cy + D \qquad (4-27)$$

式中　y——截面上某一点至轴线的距离。

$v(y)$ 的一阶导数为：

$$v'(y) = 3Ay^2 + 2By + C \qquad (4-28)$$

系数 A、B、C、D 由下面条件确定，考虑边界条件：

$$v(y)\mid_{y=0} = v_{\mathrm{m}}, v'(y)\mid_{y=0} = 0$$

$$v(y)\mid_{y=\frac{b}{2}} = 0, v'(y)\mid_{y=\frac{b}{2}} = 0$$

将上面条件代入式（4-27）和式（4-28）中，得到：

$$A = 16v_{\mathrm{m}}/b^3$$
$$B = -12v_{\mathrm{m}}/b^3$$
$$C = 0$$
$$D = v_{\mathrm{m}}$$

将求得的系数代入式（4-27）中，得到射流的径向速度分布为：

$$v(y) = v_{\mathrm{m}}\left[16\left(\frac{y}{b}\right)^3 - 12\left(\frac{y}{b}\right)^2 + 1\right] \qquad (4-29)$$

⑤射流的动压力分布。

a. 轴向压力分布。

在射流初始段，射流轴线压力等于射流出口动压力：

$$p_{\mathrm{m}} = p_0 \qquad (4-30)$$

式中　p_{m}——射流轴线上某一点的动压力；

　　　p_0——射流出口动压力。

在射流基本段，轴线动压力将随距离的增加而减小。根据动压力与速度的关系：

$$p = 1/2\rho v^2 \qquad (4-31)$$

射流轴线动压力的分布可表示为：

$$\frac{p_{\mathrm{m}}}{p_0} = \frac{d_0 + 2x_{\mathrm{c}}\tan\dfrac{\theta}{2}}{d_0 + 2x\tan\dfrac{\theta}{2}} \qquad (4-32)$$

b. 径向压力分布。

实验证明，射流沿径向的动压力分布近似于正态分布。若假设射流扩散角 θ 为常数，则可得：

$$p(y) = p_{\mathrm{m}}\mathrm{e}^{-k\left(\frac{y}{x+\frac{d_0}{2\tan\frac{\theta}{2}}}\right)}$$

其中

$$k = \frac{2}{d_0^2}\left[\frac{d_0 + 2x_{\mathrm{c}}\tan\dfrac{\theta}{2}}{2\tan\dfrac{\theta}{2}}\right]^2$$

将 k 值代入 $p(y)$ 关系式得到射流径向压力分布为：

$$p(y) = \frac{\rho v_0^2 m^2}{2}\mathrm{e}^{-2(xm/d_0)^2} \qquad (4-33)$$

其中

$$m = \frac{d_0 + 2x_c \tan \dfrac{\theta}{2}}{d_0 + 2x \tan \dfrac{\theta}{2}}$$

（4）钻井液携带岩屑。

岩屑运移的特点：图 4-9 给出了不同井斜角情况下岩屑颗粒在重力作用下产生的滑落速度分析简图。图中 α 为井斜角，v_s 为岩屑滑落速度，v_{sa}、v_{sr} 分别为 v_s 在井眼轴线及径向上的分量。由图可见，对于任意井斜角 α，轴线及径向速度可分别表示为：

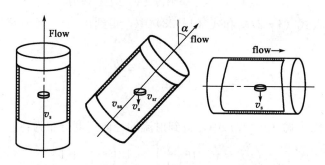

图 4-9   不同井斜角时环形空间岩屑的滑落速度

$$v_{sa} = v_s \cos\alpha$$
$$v_{sr} = v_s \sin\alpha$$

特殊地，对于垂直井 $\alpha = 0°$：

$$v_{sa} = v_s$$
$$v_{sr} = 0$$

对于水平井段，$\alpha = 90°$：

$$v_{sa} = 0$$
$$v_{sr} = v_s$$

可见随着井斜角的变化，岩屑在环形空间中所产生的滑落速度分量值将发生变化，因而也导致了岩屑运移方式上的差别。按井斜角可把井段划分为四类：直井段、近直井段、小斜度井段与中斜度井段。下面分别就不同井段内岩屑的运移特点做以简要讨论。

①直井段和近直井段（井斜角 0°～10°）。

在此井斜角范围内，岩屑运移情况与垂直井极为相似。此时，若钻井液上返速度大于岩屑滑落速度，岩屑即可以从环形空间中携出。由于钻柱的旋转，岩屑在钻井液所形成的螺旋流场中忽上忽下、曲折上升。

当钻柱处于偏心位置时，由于宽、窄间隙速度与视黏度不同，而导致岩屑上升速度不同。窄间隙内的岩屑上升速度将显著减慢，这主要是由于偏心环形空间螺旋流场中窄间隙处速度最低造成的。但是由于岩屑多数集中于高速区，加上钻柱的旋转搅动作用，实践表明，在环形空间返速达到一定值（0.6m/s）时，井眼内不会由于岩屑积聚而产生问题。

与大斜度井段相比，直井段或近直井段中岩屑运移的一个突出特点就在于岩屑或被携出井眼或下沉到井底而积聚在钻头周围，严重时会造成卡钻或泥泡。此井段中岩屑的运移计算及规律与第一节中完全相同。实践表明，直井段和近直井段中达到井眼清洁所需的环形空间返速比井眼倾斜时小。

②小斜度井段（井斜角 10°~30°）。

岩屑颗粒由于重力作用有向下侧井壁滑落的趋势，于是在小斜度井段岩屑下落碰到井壁的机会增多。但由于该井斜角范围内由重力作用所产生的滑落速度的轴向分速度 v_{sa} 较大，所以落到井壁上的岩屑可能立即沿井壁下滑。

当钻井液流速较低时，岩屑将逐渐堆积形成岩屑床。对此，Iyoho 等曾用水基钻井液进行了实验研究，结果表明，当流速低于 0.61m/s 时，便有岩屑床形成。但在这一井段内所形成的岩屑床通常都很薄，一般床体厚度小于井径或套管外径的 1/8，并且很不稳定，尤其在内部钻柱保持旋转的时候，岩屑会被搅入高速流区，又重新加入上升循环液流中。

当钻井液流速较高时（>0.61m/s），岩屑颗粒一般不能形成稳定的岩屑床，而是在环形空间的低侧以间断的形式充满下侧间隙的塞块，并被液流带动前行。这种情况在层流和紊流时都可能产生。

当钻井液流速高于 0.91m/s 时，既不会形成稳定的岩屑床，也不会形成严重的塞团。此时，可以明显地看到岩屑径向浓度差别，岩屑大部分集中于井壁低侧平稳地向前输送。

③中斜度井段（井斜角 30°~60°）。

这是一个明显的过渡段。受重力作用，岩屑在井内下降，落到下侧井壁上，然后又沿井壁缓慢下移。

在钻井液液流作用下，沉积在井壁上的岩屑层将不断被卷起，部分岩屑重新进入循环。Tomren 等人通过实验发现：当井斜角为 40°、环形空间返速低于 0.76m/s 与井斜角为 50°、环形空间返速低于 0.91m/s 时，将有稳定的岩屑床产生，而且岩屑床将可能逆着液流方向向下滑动，为钻井液洗井带来相当大的困难。在这种情况下，增大环形空间紊动速度和钻柱的旋转都会造成岩屑床的不稳定。特别需要指出的是，在这一井段内，停泵后，岩屑颗粒大部分将沉积到井壁下侧形成岩屑床，而且由于此时失去了液体对床体的拖力作用而致使岩屑床作为一个整体向井底滑落。因此，在起下钻前，要注意开泵充分洗井。

层流时，由于岩屑床的逐渐形成，减少了环形空间过流断面面积，从而使流过此处的钻井液流速增大，甚至可能导致紊流的产生。当流速增大到一定程度时，钻井液对床体表面及液流内部颗粒携带能力增大，致使床面部分颗粒被携走，而后在新的位置沉积下来。随着床体被削减，流过床层上方的钻井液又将由快减慢，床层厚度又将具有增大的趋势。由此，岩屑床的厚度将保持在相对的动平衡状态下。

紊流条件下，岩屑的初始运移情况与上述相似。但有一小部分岩屑颗粒可能在形成岩屑床以前就运移到了上部环形空间中。在流速较高时没有明显的岩屑床形成。尤其在紊流状态下，岩屑主要以团块状移动。即使已形成了一定程度的岩屑床，床体大部分也是不稳定的，并且由于流体的扰动，使颗粒不断离开床体而使岩屑床被破坏。

④大斜度井段（井斜角 60°~90°）。

在大斜度井段，由于受重力作用，岩屑颗粒产生的沿径向方向向井壁下沉的速度较大，因而必将导致很容易在下井壁处造成岩屑堆积形成床体。实验表明：从井斜角 60°开始，沉积在下井壁上的岩屑床呈稳定状态。即使停泵时，岩屑床也没有向井底下滑的趋势。此时，岩屑的运移不再完全依赖于钻井液的引力。因此，按固体颗粒下沉速度来预测井眼清洗情况就不再适宜了。在这种情况下，往往需要很高的环形空间返速才能达到清除岩屑的要求，此时的返速比直井时大得多。

在一定的环形空间排量下，当岩屑已形成了岩屑床，床体厚度将稳定在动平衡状态下。这主要是由于：随着床体厚度的增加，降低了环形空间过流断面面积，从而在不变的排量下相应地增大了通过床层上部液流的流速，而由于流速的增大，又加剧了液流对床体的冲蚀作用。于是又导致有效过流断面面积的增大，使流速下降。如此，从宏观上造成了动态平衡效果。当增大排量，岩屑床不断被冲蚀，床体上部的游离态岩屑颗粒在液—固界面上跳跃、滚动并形成屑丘或较大的波纹。如果继续增大排量，达到某一定值时，岩屑床可能作为一个整体开始移动；如果环形空间返速达到足够高，岩屑就会作为一种伪均质混合物被运移，而不出现岩屑床，但这种情况在实际井中是极少见的。

由此可见，不论是理论与实验研究还是钻井实际都表明，大斜度井和水平井携屑与垂直井明显不同。归纳起来具有如下特点：

①井斜角直接影响岩屑的运移状况及规律。不同井斜角条件下，岩屑的运移状况不同。岩屑的运移方式有跳跃、滑动及床体滑移等。

②井斜角达到40°～50°时，井眼下侧可能会出现岩屑床，使得同一井眼环形空间截面上、下侧岩屑的运移方式不尽相同。

③就某一岩屑颗粒而言，其在环形空间内的运移可能是间断的，在某种条件下会沉积在下井壁处，参与成床。

④岩屑床在一定条件下可以逐渐形成，与可以逐渐被破坏，并可能产生分层或整体前移。岩屑床厚度在动态平衡状态下保持稳定。

⑤钻柱的旋转和偏心会对环形空间内岩屑浓度及浓度分布和岩屑床的厚度有较大影响。

针对以上特点，对于同一口水平井，很难设计出对各井段都适合的最佳携屑水力参数和钻井液流变参数。因此，为了解决井眼清洁这一较关键的问题，就必须要研究大斜度井段和水平井中岩屑运移的影响因素及运移规律，以便于通过适当调整各可控性因素来有效地清除岩屑，保证井眼清洁，提高钻进速度。

3. 实验装置及设备

钻井工艺技术虚拟实验由钻井技术参数配合实验、高压水力喷射破岩实验、钻井液携带岩屑实验及钻井井下工具的结构及原理演示四个实验内容组成。每个实验下面包含若干个具体的实验。实验者可以通过浏览器观察虚拟实验过程，通过鼠标的点击以及拖曳动作来操作和控制虚拟实验。在钻井工艺虚拟实验室系统中，学生通过虚拟实验室就可以观察到各种实验设备，通过动手操作得到实验结果。实验室的功能框架如图4-10所示。

4. 实验方法及步骤

（1）启动软件：点击钻井工艺技术虚拟实验室图标进入该实验的窗口屏幕，如图4-11所示。

（2）点击"钻井技术参数配合实验"图标进入该实验的主页面，如图4-12所示。该实验的主要实验目录列举在该页面的左侧，相当于系统的主菜单；其右侧是实验装置实物图。用鼠标点击左侧目录中的实验内容，即可进入该实验的窗口屏幕。

分别点击钻压对钻速的影响、转速对钻速的影响、排量对钻速的影响，弹出新的页面，如图4-13所示。

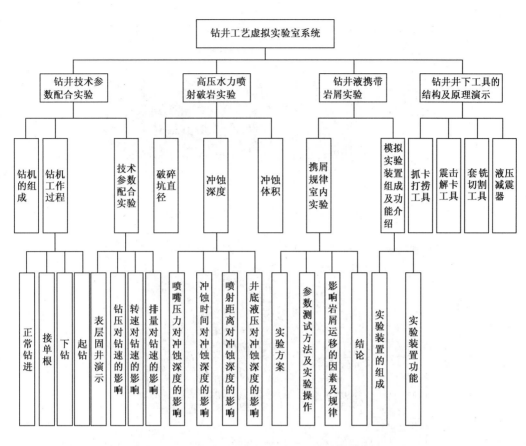

图 4-10　钻井工艺虚拟实验室系统功能模块图

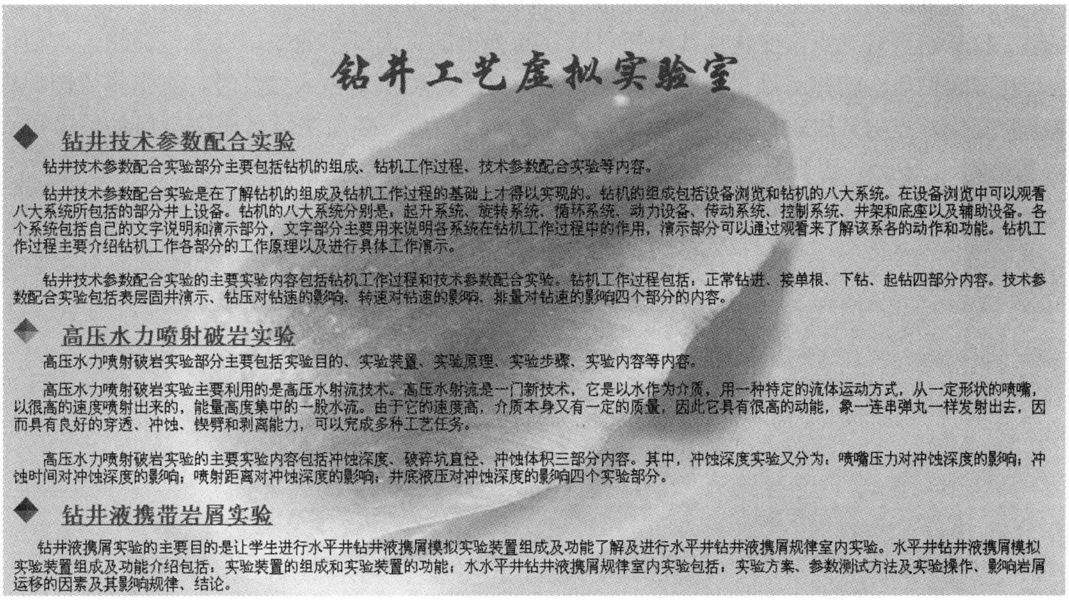

钻井工艺虚拟实验室

◆ **钻井技术参数配合实验**

钻井技术参数配合实验部分主要包括钻机的组成、钻机工作过程、技术参数配合实验等内容。

钻井技术参数配合实验是在了解钻机的组成及钻机工作过程的基础上才得以实现的。钻机的组成包括设备浏览和钻机的八大系统。在设备浏览中可以观看八大系统所包括的部分井上设备。钻机的八大系统分别是：起升系统、旋转系统、循环系统、动力设备、传动系统、控制系统、井架和底座以及辅助设备。各个系统包括自己的文字说明和演示部分，文字部分主要用来说明各系统在钻机工作过程中的作用，演示部分可以通过观看来了解该系统的动作和功能。钻机工作过程主要介绍钻机工作各部分的工作原理以及进行具体工作演示。

钻井技术参数配合实验的主要实验内容包括钻机工作过程和技术参数配合实验。钻机工作过程包括：正常钻进、接单根、下钻、起钻四部分内容。技术参数配合实验包括表层固井演示、钻压对钻速的影响、转速对钻速的影响、排量对钻速的影响四个部分的内容。

◆ **高压水力喷射破岩实验**

高压水力喷射破岩实验部分主要包括实验目的、实验装置、实验原理、实验步骤、实验内容等内容。

高压水力喷射破岩实验主要利用的是高压水射流技术。高压水射流是一门新技术，它是以水作为介质，用一种特定的流体运动方式，从一定形状的喷嘴，以很高的速度喷射出来的，能量高度集中的一股水流。由于它的速度高，介质本身又有一定的质量，因此它具有很高的动能，象一连串弹丸一样发射出去，因而具有良好的穿透、冲蚀、楔劈和剥离能力，可以完成多种工艺任务。

高压水力喷射破岩实验的主要实验内容包括冲蚀深度、破碎坑直径、冲蚀体积三部分内容。其中，冲蚀深度实验又分为：喷嘴压力对冲蚀深度的影响；冲蚀时间对冲蚀深度的影响；喷射距离对冲蚀深度的影响；井底液压对冲蚀深度的影响四个实验部分。

◆ **钻井液携带岩屑实验**

钻井液携屑实验的主要目的是让学生进行水平井钻井液携屑模拟实验装置组成及功能了解及进行水平井钻井液携屑规律室内实验。水平井钻井液携屑模拟实验装置组成及功能介绍包括：实验装置的组成和实验装置的功能；水水平井钻井液携屑规律室内实验包括：实验方案、参数测试方法及实验操作、影响岩屑运移的因素及其影响规律、结论。

图 4-11　钻井工艺虚拟实验室系统的主页面

图 4 - 12 钻井技术参数配合实验主页面

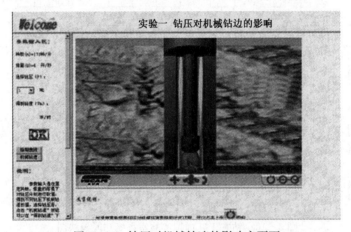

图 4 - 13 钻压对机械钻速的影响主页面

首先阅读说明，根据说明分别选择钻压、转速、排量值后，鼠标左键点击"OK"按钮，右侧实验开始进行。点击变化曲线按钮可以在新弹出的页面观察曲线。点击机械钻速按钮可以看到不同钻压、转速、排量值所对应的钻速值大小。当重新输入参数时，点击重置图标观看实验变化。点击"BACK"图标可以关闭该窗口（注意：必须在该页面完全启动后方可点击"BACK"图标，否则会造成死机）。

（3）点击"高压水力喷射破岩实验"图标进入该实验的主页面，如图 4 - 14 所示。

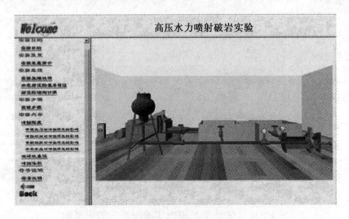

图 4 - 14 高压水力喷射破岩实验主页面

分别点击喷嘴压力对冲蚀深度的影响、冲蚀时间对冲蚀深度的影响、喷射距离对冲蚀深度的影响、井底液压对冲蚀深度的影响、破碎坑直径以及冲蚀体积，右侧显示对应的实验内容。

　　在右侧页面中选择一个岩心型号，点击可打开新的链接页面，进入相应的实验内容。页面的下方有对应的数据表按钮，点击可以查看所有型号岩心在一定实验条前提下改变实验条件时所对应的不同数据。

　　点击岩心型号后所打开的对应新页面如图4-15所示。

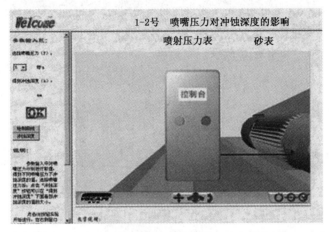

图4-15　喷嘴压力对冲蚀深度的影响实验主页面

　　在实验开始时，首先阅读说明，根据说明分别选择喷嘴压力、冲蚀时间、喷射距离、井底液压、实验参数和喷嘴直径、冲蚀深度后，鼠标左键点击"OK"按钮，阅读右侧页面中的"文字说明"，进行相应操作后实验开始进行。点击变化曲线按钮，可以在新弹出的页面中观察曲线。点击冲蚀深度按钮，可以看到不同喷嘴压力、冲蚀时间、喷射距离、井底液压值所对应的冲蚀深度值的大小。点击破碎坑直径按钮，可以看到不同实验参数和喷嘴直径所对应的破碎坑直径值大小。点击冲蚀体积按钮，可以看到不同冲蚀深度所对应的冲蚀体积值大小。当重新输入参数时，点击重置图标观看实验变化。

　　点击"BACK"图标可以关闭该页面窗口（注意：必须在该页面完全启动后方可点击"BACK"图标，否则会造成死机）。

　　（4）点击"钻井液携带岩屑实验"图标进入该实验的主页面，如图4-16所示。

图4-16　水平井钻井液携带岩屑实验主页面

点击左侧页面中对应的链接，在右侧页面中可以观看对应的视频，了解实验的具体过程等内容。

点击右侧窗口中的"BACK"图标，可以返回到主页面窗口。

点击左侧窗口中的"BACK"图标，可以关闭该主页面窗口。

（5）点击"井下工具"按钮，即可进入石油震击打捞工具应用程序，界面如图4-17所示。

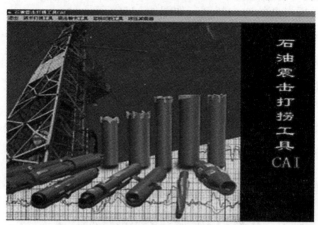

图4-17　石油震击打捞工具CAI界面

石油震击打捞工具主要包括抓卡打捞工具、震击解卡工具、套铣切割工具和液压减震器四个主要部分。

可以在主菜单中任意选择要观看的工具型号，以LT-T可退式打捞筒为例，界面如图4-18所示。

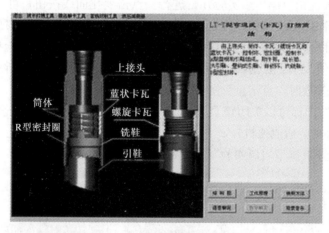

图4-18　LT-T型可退式打捞筒界面

点击背景音乐按钮，可以在音乐中进行一下动作：点击右下方的结构图按钮，可以在上面的文本框中观看结构图说明；点击工作原理按钮，可以观看左侧的工作原理动画演示并观看文本框中的文字说明；点击使用方法按钮，可以观看使用方法说明；点击语音解说按钮，可以听到上面内容的语音解释。

VRT图标说明如下：

点击重置图标 ⊙ 可以重新开始实验。利用 ⊹⊕⊙ 图标可以游走在虚拟环境中，观察环境中的各种事物。利用 ⊙ 图标可以看到控制虚拟环境中的所有图标 ⊹⊕⊙⊛，利用这些图标，可以控制虚拟环境中的物体并游览环境。

5. 实验数据处理

（1）绘制钻速与钻压、转速、排量的关系曲线，说明钻速与钻压、转速、排量的关系，找出最优的钻压、转速与排量。

（2）冲蚀深度。

①喷嘴压力的影响：冲蚀深度与喷嘴压力的函数关系。

②冲蚀时间的影响：冲蚀深度与冲蚀时间的函数关系。

③喷射距离的影响：喷射距离对冲蚀深度的影响关系。

④井底液压的影响：井底液压与冲蚀深度的关系。

（3）破碎坑直径。

实验表明，破碎坑直径 D 对诸参数没有明显的依赖关系，冲蚀达到一定深度后，D 趋于一定值。破碎坑直径可以近似表示为：

$$D = K_3 d_0$$

对于天然岩心，K_3 的取值在 10～16 之间；

对于人造岩心，K_3 的取值在 5～8 之间。

改变 K_3、d_0，观看破碎坑直径 D 的变化情况。

（4）冲蚀体积。

刚产生冲蚀时的浅坑一般呈圆锥形，当破碎坑达到一定深度（$h \geqslant 5\text{mm}$）后，破碎坑口的形状近似呈圆柱形。因此，冲蚀体积 V 可以近似地表示为：

$$V = \frac{\pi}{4} K_4^2 d_0^2 h \tag{4-34}$$

式中 d_0——喷嘴直径，mm；

  h——冲蚀深度，mm；

  K_4——系数，见表 4-2。

表 4-2 岩心冲蚀系数

岩 心 编 号	d_0, mm	K_4
1-1	1.25	10
2-1	1.25	7.5
2-2	1.25	6

喷嘴压力 p_N、冲蚀时间 t、喷射距离 S 与井底液压 p_A 对冲蚀体积的影响与各参数对冲蚀深度的影响相似。

实验结果是：

①冲蚀体积与冲蚀深度的关系。

②喷嘴压力对冲蚀体积的影响。

③冲蚀体积与冲蚀时间的函数关系。

④喷射距离对冲蚀体积的影响。

⑤井底液压对冲蚀体积的影响。

6. 实验要求

（1）实验前要充分预习钻井参数优化的基本原理与方法，掌握该虚拟系统的后台模型。

实验过程严格按实验操作规程进行实验，记录数据要求完全、准确、整齐、清楚，实验后能够对实验结果和规律进行合理解释与阐述。

（2）实验前要充分预习高压水射流的基本原理与方法，掌握该虚拟系统的后台模型。实验过程严格按实验操作规程进行实验，记录数据要求完全、准确、整齐、清楚，实验后能够对实验结果和规律进行合理解释与阐述。

（3）实验过程中认真观察各种工况条件下钻井液携带岩屑的效率以及井眼净化情况，实验后能对实验结果进行认真分析与总结。

（4）实验过程中要认真观察井下工具结构特征、工作原理及工艺用途。

（5）实验完毕，按提示规程退出虚拟系统。

第二节　水力压裂电模拟

一、实验目的

（1）掌握利用水电相似原理、相似准则建立水力压裂电模拟模型的方法。

（2）掌握硫酸铜溶液电阻率的测量方法。

（3）掌握利用水力压裂电模拟模型测量均质地层的油井产量、地层压力以及绘制等压线的方法。

（4）掌握利用垂直井水力压裂电模拟模型测量压开水平裂缝与压开垂直裂缝（垂直单翼裂缝、垂直双翼裂缝）时油井产量、地层压力以及绘制等压线的方法。

（5）掌握利用水平井水力压裂电模拟模型测量水平井压开垂直裂缝（包括裂缝缝面与水平段井轴平行、裂缝缝面与水平段井轴垂直）以及水平裂缝（裂缝缝面与井轴平行）时水平井的油井产量、地层压力以及绘制等压线的方法。

（6）掌握利用水力压裂电模拟实验数据评价水力压裂增产效果的方法。

二、实验原理

1. 油层水力压裂研究方法

1）物理模拟法

这种方法是通过建立物理模型进行室内压裂实验，研究裂缝导流能力；进行二维、三维模型实验，研究产生裂缝的形态。通常这种物理模型是模拟地层高温高压进行的实验，耗资较大，所得结果有一定的局限性，常受到岩心条件限制，在技术上也较难实现。

2）数学模拟法

这种方法是通过一定的假设条件，建立数学—力学模型，模拟压裂裂缝形态、几何尺寸等，并对模型求解，得到水力压裂有关规律；由于受到地质、工艺以及生产资料条件的限制，与实际有一定差距，多为理论上研究，不过所得结果常具有普通意义。此外，也有用数值模拟来研究裂缝形态的情况。

3）电模拟法

水力压裂电模拟技术早在 20 世纪 40 年代末到 60 年代初开展起来，J. M. Tinsley、麦克奎尔-西克拉等人在此项研究中取得了较大成绩与进展。此种方法是利用水电相似原理来研究水力压裂形成的裂缝形态、缝长、缝宽、缝高、传导率、裂缝导流能力以及其他参数与增产倍数之间的关系，用以指导压裂工艺设计与矿场施工。

用电模拟法研究压裂问题比物理模拟法投资少，应用广泛，实验周期短，准确度高，有普遍指导意义。通过数学、渗流力学与电学、化学等知识，用建立的电模拟模型可定量得到有关水力压裂参数。由于受到某些条件限制，该研究难度较大。

4）矿场试验测试法

上述3种研究压裂裂缝形态的方法主要是室内试验研究，而矿场试验测试法是直接研究裂缝形态的有效方法之一。

国内外采用的矿场试验测试方法较多，主要有地震波法、水力压裂模印法、地面电位法、指示剂示踪法、试井法、井温同位素测井法以及超声电视法、井壁崩落法等。这些方法有的还在完善之中，但有一个共性，或受试验条件与经费限制，或受井况、地层、工艺条件限制，或因地应力的复杂性，往往在预测压裂裂缝形态及方位上其结果有一定的局限性。

2. 电模拟模型的分类

水力压裂电模拟是以水电相似原理为基础，即在地层中渗流的达西定律与电学中欧姆定律之间建立了良好的类比关系。在含有均质流体的均质多孔介质稳定流动的条件下，储层压力与相似几何条件和边界条件下均质电解质中的电位分布之间存在着精确的当量类比关系，常称为水电相似原理。

1）液体模型

电解模型：通常采用某种电解质溶液，根据水电相似原理来模拟均质各向同性的多孔介质地层，模拟电阻一般不变。

电位模型：与电解模型类似，在模拟过程中主要强调模拟模型中的电位，称为电位模型。

2）固体模型

目前固体模型研究的还很少，有待今后的发展。主要是利用某种低导电性能物质的粉末，运用水电相似原理，建立一个物理场电模拟模型，来模拟油藏水力压裂规律。

3. 电模拟模型建立的基本原理

1）水电相似原理

（1）欧姆定律。

电流在导线中流动可用式（4-35）表示：

$$I = -\frac{1}{R_\rho} \frac{\partial E}{\partial X} \tag{4-35}$$

式中　　I——电流，A；

　　　　R_ρ——比电阻，Ω/m；

　　　　$\dfrac{\partial E}{\partial X}$——电位梯度（$X$ 一般对面积而言），V/m。

（2）达西定律。

在多孔介质中流体流动遵循达西定律，对于单相不可压缩液体稳定渗流模型，由以下两部分组成：

运动方程

$$\boldsymbol{V} = -\frac{K}{\mu}\mathrm{grad}(p) \tag{4-36}$$

连续性方程

$$\mathrm{div}(\boldsymbol{V}) = 0 \qquad\qquad (4-37)$$

式中 grad（p）、div（$\boldsymbol{V}$）——梯度和散度；

$\quad\quad K$——渗透率，$\mu\mathrm{m}^2$；

$\quad\quad \mu$——液体黏度，$\mathrm{mPa \cdot s}$。

由于研究的是不可压缩液体，不必考虑液体的状态变化，所以不考虑状态方程。

当式（4-35）和式（4-36）中两式系数 $1/R_\rho$ 与 K/μ 成比例时，也就是所要建立的模型的比电阻 R_ρ 与实际地层 K/μ 的关系。

由电阻定律：

$$R = \rho\frac{l}{S} \qquad\qquad (4-38)$$

式中 R——电阻，Ω；

$\quad\quad l$——导体长，m；

$\quad\quad S$——导线截面面积，m^2；

$\quad\quad \rho$——电阻率，$\Omega \cdot \mathrm{m}$。

由式（4-38）得：

$$\rho = \frac{RS}{l} = R_\rho S \qquad\qquad (4-39)$$

电导率：

$$\sigma = \frac{1}{\rho} = \frac{1}{R_\rho S} \qquad\qquad (4-40)$$

采用目前国际公认单位制 MKSA（米．千克．秒．安），σ 为 S/m（西门子/米）。

由 Laplace 方程，对于稳定电流 I，式（4-35）表示为：

$$\frac{\partial I}{\partial x} + \frac{\partial I}{\partial y} + \frac{\partial I}{\partial z} = 0 \qquad\qquad (4-41)$$

对于稳定电压 E：

$$\frac{\partial^2 E}{\partial x^2} + \frac{\partial^2 E}{\partial y^2} + \frac{\partial^2 E}{\partial z^2} = 0 \qquad\qquad (4-42)$$

对于稳定水头高度 H：

$$\frac{\partial^2 H}{\partial x^2} + \frac{\partial^2 H}{\partial y^2} + \frac{\partial^2 H}{\partial z^2} = 0 \qquad\qquad (4-43)$$

线性床中流动类比模拟为：

对欧姆定律

$$I = \frac{\Delta E}{R} = \frac{\Delta E}{\dfrac{\rho l}{S}} = \frac{S\Delta E}{\rho l} \qquad\qquad (4-44)$$

式中 ΔE——电位差，V。

对达西定律

$$q = \frac{KA\Delta p}{\mu l} \times 0.0864 \qquad\qquad (4-45)$$

式中 q——平面单相流液体流量，m^3/d；

$\quad\quad A$——平面单向流岩心的截面面积，m^2；

Δp——岩心两端建立的压差，kPa；

l——岩心长度，m；

μ——液体黏度，mPa·s；

K——地层渗透率，μm^2；

0.0864——换算系数。

比较式（4-44）与式（4-45），发现 $I-q$，$\Delta E - \Delta p$，$\rho - \left(\dfrac{K}{\mu}\right)^{-1}$ 有很好的一致性。可以看出，模拟地层的 K/μ 与所选用的电解液的电阻率 ρ 成反比关系。

2）相似关系

在多孔介质中，依据不可压缩液体稳定流原理建立电模拟模型必须满足各模拟要素之间的关系。

（1）几何相似。

所设计的模型各几何参数与地层对应几何参数的比值必须相同，边界形状相似，严格的几何相似必须满足下列条件：

$$\frac{(\Delta x)_m}{(\Delta x)_o} = \frac{(\Delta y)_m}{(\Delta y)_o} = \frac{(\Delta z)_m}{(\Delta z)_o} = C_l \tag{4-46}$$

式中 C_l——几何相似系数；

Δx、Δy、Δz——在 x、y、z 方向上的增量；

m、o——模型和油层。

（2）运动相似。

实际油层与模型的流场图相似，即两种流场图的几何形状相似。因流动的区域边界均可形成等势（压）线及流线，运动相似也必须在几何相似的前提下。运动相似实质是流动速度与方向相一致，在整个流动区内，两个系统的流速比应相等，即

$$C_v = \frac{v_m}{v_o} = 常数 \tag{4-47}$$

式中 C_v——运动相似系数；

v——流速。

公式中下角 m，o 分别表示模型与油层。

（3）压力相似。

模拟模型中两电极之间的电位差与模拟油层两相应点之间的压差之比为一个定值，即

$$C_p = \frac{(\Delta V)_m}{(\Delta p)_o} \tag{4-48}$$

式中 C_p——压力相似系数；

$(\Delta p)_m$——模拟油层中两点之间的压力差；

$(\Delta V)_o$——模型中对应油层两点的电位差。

（4）流量相似。

模拟模型与油层的流量相似，即

$$C_q = \frac{I_m}{Q_o} \tag{4-49}$$

式中 C_q——流量相似系数；

I_m——模型中的电流；

Q_o——油层中的流量。

（5）阻力相似。

实际上，当模型与油层之间满足了几何相似、压力相似与流量相似时，电流的流动阻力与油层中渗流阻力之间也必然相似：

$$C_r = \frac{R_m}{R_{fo}} \qquad (4-50)$$

式中 C_r——阻力相似系数；

　　R_m——模型中电流流动阻力；

　　R_{fv}——油层中流体流动阻力。

由欧姆定律：

$$\frac{(\Delta V)_m}{I_m R_m} = 1 \qquad (4-51)$$

再由达西定律：

$$\frac{(\Delta p)_o}{Q_o R_{fo}} = 1 \qquad (4-52)$$

由式（4-48）得 $(\Delta V)_m = C_p (\Delta p)_o$，由式（4-49）得 $I_m = C_q Q_o$，又根据式（4-50）得 $R_m = C_r R_{fo}$，将以上各式代入式（4-51）中，并利用式（4-52）得：

$$\frac{(\Delta V)_m}{I_m R_m} = \frac{C_p (\Delta p)_o}{C_q Q_o C_r R_{fo}} = \frac{C_p}{C_q C_r} = 1$$

即

$$C_p = C_q C_r \qquad (4-53)$$

这就证明了压力相似系数等于流量相似系数与阻力相似系数之积。

三、实验装置及设备

1. 垂直井水力压裂电模拟实验

1）垂直井水力压裂电模拟实验装置

垂直井水力压裂电模拟实验装置如图 4-19 所示。

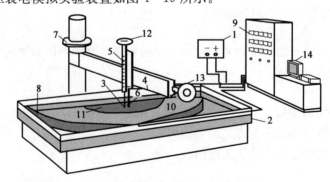

图 4-19　电模拟测量装置示意图

1—直流稳压电源；2—电解槽；3—探针；4—水平杆（水平测量标尺）；

5—垂直测量标尺；6—油井；7—水平旋转角度标尺；8—供给边缘；

9—控制及数据显示柜；10—$CuSO_4$ 水溶液；11—水平裂缝模板；

12，13—手轮；14—计算机数据采集系统该装置设计了三维机械测量装置。通过水平杆，当转动手轮 12 时，可使测量探针在现有深度范围内径向水平移动，可测得各点参数；若改变转角，通过水平旋转角度标尺来实现。因此可实现在现有深度条件下半圆形模型平面内各点参数的测定。若改变深度时，可通过垂直测量标尺与手轮 13 来实现，在实验模型的半圆内各点用探针测得各参数。

2）测量装置电路

图 4-20 为本实验模型的电路示意图，电源可提供稳定的电压。

3）垂直井模型有关参数

采用 $CuSO_4$ 溶液作为电解液，通常浓度为 $CuSO_4：H_2O = 1：350$，可依据模拟的渗透率大小配制相应浓度。用半圆形紫铜薄板模拟供给边缘，镀铂的金属线模拟油井。用薄紫铜板来模拟压开地层的裂缝（包括水平裂缝和垂直裂缝）。建立模型的几何相似系数 $C_1 = 1/100$，则：

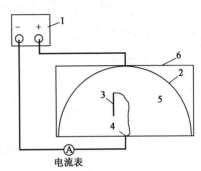

图 4-20　垂直井电模拟装置电路示意图
1—稳压电源；2—供给边缘；3—测量探针；
4—油井；5—硫酸铜溶液；6—模型

油层供给边缘半径	$R_o = 70m$（实际井网供给边缘半径）；
模型供给边缘半径	$R_m = 70cm$；
实际油层厚度	$H_o = 11m$；
模型油层厚度	$H_m = 11cm$（电解液深度）；
实际油井直径	$\phi_o = 0.14m$；
模型油井直径	$\phi_m = 0.14cm$（镀铂线直径）。

4）测量工具及物品

水平裂缝、垂直双翼裂缝、垂直单翼裂缝模型的模板各若干块。测量管 1 个，数字万用表 1 块，游标卡尺 1 个，直尺 1 个，温度计 1 支，取液桶 100mL，测量用 100mL 量筒 1 个，搅拌棒 1 个，金属导线 1 段，一定浓度的硫酸铜溶液。

2. 水平井水力压裂电模拟实验

1）水平井水力压裂电模拟装置

水平井水力压裂电模拟装置如图 4-21 所示。

2）测量装置电路

水平井电模拟装置电路如图 4-22 所示。

3）水平井模型有关参数

采用 $CuSO_4$ 溶液作为电解液，通常浓度为 $CuSO_4：H_2O = 1：350$，可依据模拟的渗透率大小配制相应浓度。将紫铜薄板放在电解槽四周内壁模拟供给边缘，镀铂的金属线模拟油井。用薄紫铜板来模拟压开地层的裂缝。建立模型的几何相似系数 $C_1 = 1/100$，则：

油层供给边缘距离	$R_o = 35m$（实际水平井轴到供给边缘距离）；
模型供给边缘距离	$R_m = 35cm$（模型水平井轴到电解槽内壁距离）；
实际油层厚度	$H_o = 10m$；
模型油层厚度	$H_m = 10cm$（电解液深度）；
实际油井直径	$\phi_o = 0.14m$；

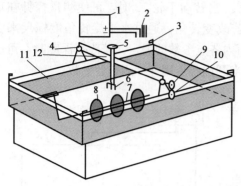

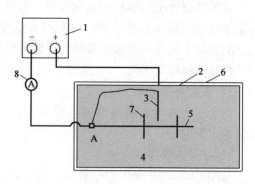

图4-21 水平井水力压裂电模拟装置示意图

1—稳压电源；2—数据采集线（连接计算机采集系统）；
3—行程控制器；4—控制电动机；5—垂向手动操作手轮；
6—探针；7—水平井；8—垂直裂缝；9—横向手动操
作手轮；10—纵向手动操作手轮；11—矩形供给边缘；
12—水平测量杆

图4-22 水平井电模拟装置电路示意图

1—稳压电源；2—供给边缘；3—探针；4—硫酸铜溶液；
5—水平井（A井点）；6—电解槽；
7—垂直裂缝；8—电流表

模型油井直径　　　　$\phi_m = 0.14\,cm$（镀铂线直径）；

实际水平井水平段长　$L_o = 60\,m$；

模型水平井水平段长　$L_m = 60\,cm$。

（1）水平裂缝模拟板。

不同材质（紫铜板、铝板、康铜板、不锈钢板）和尺寸的水平裂缝模拟板若干块（至少2～3块），典型的模型裂缝尺寸为：缝长40cm，缝宽40cm，厚度在0.05cm左右。

（2）垂直裂缝模拟板。

不同材质（紫铜板、铝板、康铜板、不锈钢板）和尺寸的垂直裂缝模拟板若干块（至少2～3块），典型模型裂缝尺寸为：缝长20cm，缝宽20cm，厚度在0.05cm左右。

4）测量工具及物品

水平裂缝若干块，垂直裂缝若干块，其他用品同垂直井实验。

四、实验方法及步骤

1. 基本操作

1）电解液的选择

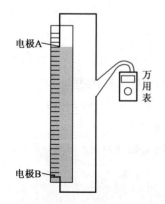

图4-23 电极测量管示意图

通常选用的电解液应具备下列特征：通电后性质不发生变化；电解液电阻率应均匀一致；电解液的电阻率随长度（距离）基本呈线性变化；在实验所用电压作用下，电解液不起化学反应或很少起反应；在室内空气中蒸发量尽量小；经济，可反复使用。本实验选择$CuSO_4$溶液作为电解质，根据模拟地层的渗透率调配浓度。

2）$CuSO_4$溶液电阻率与电导率的测定

（1）原理。

电极测量管测硫酸铜溶液电阻率如图4-23所示，根据电阻定律进行测量。测量$CuSO_4$溶液的电阻R后，可计算ρ、σ值。

（2）测量方法。

将电解槽内 $CuSO_4$ 溶液经搅拌后，用量筒取出，倒入测量管内，并记录两电极之间的距离 l（m）。

先调好数字万用表，采用电阻挡，再用万用表测定两极间电阻 R 值（Ω）。注意：测电阻有波动时取平均值。测量 3 次将 3 个平均值再取平均数。

将测量管内电解液倒入量筒内一部分，倒入前、后应仔细观察并记录电解液液面高度与量筒内液面高度（即体积数），进而求出测量管内截面面积 S。操作 3 次，取平均值。

根据电阻定律 $R = \rho l / S$，用电磁学常用单位制 MKSA 国际单位制，即米千克秒安单位制，求出电阻率 ρ（Ω·m）。

根据电导率 σ 与电阻率关系，求出电导率，即

$$\sigma = 1/\rho \qquad (S/m，西门子/米)$$

$CuSO_4$ 溶液电导率随其浓度及温度变化而变化。通常在相同温度条件下，其浓度增加，电导率降低，但不是直线关系；而当浓度相同时，随温度的升高电导率也增大，不过幅度较小。在 $CuSO_4$：H_2O＝1：350 时，20℃条件 $CuSO_4$ 溶液的电导率为 0.11～0.16S/m。

3）模型几何参数测定

选用薄紫铜板（或其他导体板，如不锈钢板、铝板等）来作为人造无限导流模拟裂缝，其中水平、垂直裂缝各若干块，测定紫铜板的几何尺寸。

（1）垂直井模型。

①测定油井直径（模拟井筒的铜丝），并测定地层厚度（水槽中水的深度）。

②测定水平裂缝（半圆形导体板）的厚度、半径，并按编号做记录，计算水平裂缝半径与供油半径之比。

③测定垂直裂缝（矩形导体板）的厚度、半长，并按编号做记录，计算垂直裂缝半长与供油半径之比。

（2）水平井模型。

①测定油井直径（模拟井筒的铜丝），并测定水平井水平段长度，同时测定地层厚度（水槽中水的深度）。

②测定水平裂缝（矩形导体板，面积较大）的厚度、长度和宽度，并按编号做记录，计算水平裂缝长度和宽度与供油半径之比。

③测定垂直裂缝（矩形导体板）的厚度、半长，并按编号做记录，计算垂直裂缝半长与供油半径之比。

4）选择模拟供给边缘电压

由于 $CuSO_4$ 水溶液在较高电压下会在阴极电解，因此实验选择直流电压不宜过高，常选择低于 20V，初选 10V 左右为宜。

2. 垂直井水力压裂电模拟

1）压裂前均质地层模型

地层均质等厚，圆形地层中间有一口井，定压边界，向井径向稳定流动。

（1）将稳压电源调至 10V，并用数字万用表校准（以下每调一次电压均需校准），记录对应的电流（产量）。

（2）转动手轮 12（图 4-19），使探针没入 $CuSO_4$ 水溶液中，记录探头垂直深度（通常没入深度为 0.5～1.0cm）。

（3）水平方向转动水平杆（水平测量标尺）至 0°。

（4）转动手轮 13（图 4-19），使探针移动到地层边界处，记录电压值，并记录相应的探头至井筒的距离。

（5）转动手轮 13（图 4-19），使探针向井筒方向移动，注意电压变化。当探头所处位置对应的电压值与上一个电压值之差等于选定的等压线压力间隔（可选 0.3V 或 0.5V）时，记录电压值与相应的探头至井筒的距离。

（6）重复步骤（5），直至探头无法继续向井筒移动，测出距井筒不同径向距离时的压力值。

（7）按照选定的等压线角度间隔水平方向转动水平杆（水平测量标尺）至下一个角度，重复步骤（4）、（5）、（6），直至水平杆在 90°（对称模型，测定一个象限即可）时从边界到井筒的压力变化值测定完毕。

2）水平裂缝地层模型

地层均质等厚，圆形地层中间有一口井，定压边界，向井径向稳定流动，压裂后形成以井筒为轴心的圆形水平裂缝。

（1）将稳压电源调至 10V，并用数字万用表校准（以下每调一次电压均需校准）。

（2）将一定尺寸和材质的半圆形导体板（水平裂缝）放入 $CuSO_4$ 水溶液中的支架上，注意要对称于井筒，并与井筒靠紧，记录对应的电流（产量）。

（3）转动手轮 12（图 4-19），使探针没入 $CuSO_4$ 水溶液中，记录探头垂直深度（通常没入深度为 0.5~1.0cm），但要保证探头不能与导体板接触。

（4）水平方向转动水平杆（水平测量标尺）至 0°。

（5）转动手轮 13（图 4-19），使探针移动到地层边界处，记录电压值，并记录相应的探头至井筒的距离。

（6）转动手轮 13（图 4-19），使探针向井筒方向移动，注意电压变化。当探头所处位置对应的电压值与上一个电压值之差等于选定的等压线压力间隔（可选 0.3V 或 0.5V）时，记录电压值与相应的探头至井筒的距离。

（7）重复步骤（5），直至探头无法继续向井筒移动，测出距井筒不同径向距离时的压力值。

（8）按照选定的等压线角度间隔水平方向转动水平杆（水平测量标尺）至下一个角度，重复步骤（4）、（5）、（6），直至水平杆在 90°（对称模型，测定一个象限即可）时从边界到井筒的压力变化值测定完毕。

（9）更换不同材质与不同尺寸的导体板（水平裂缝模拟板），重复步骤（2）～（8），直至设计尺寸与材质模拟裂缝导体板测定完毕。

3）垂直裂缝地层模型

地层均质等厚，圆形地层中间有一口井，定压边界，向井径向稳定流动，压裂后形成对称于井轴双翼垂直裂缝，或在井轴一侧的单翼垂直裂缝。

（1）将稳压电源调至 10V，并用数字万用表校准（以下每调一次电压均需校准）。

（2）将一定尺寸与材质的矩形导体板（垂直裂缝）贴着井筒和水槽壁放入 $CuSO_4$ 水溶液中，挂在槽壁的固定螺钉上。注意对称于井筒（垂直双翼裂缝）或在井筒一侧（垂直单翼裂缝），并与井筒靠紧，记录对应的电流（产量）。

（3）转动手轮 12（图 4-19），使探针没入 $CuSO_4$ 水溶液中，记录探头垂直深度（通常没入深度为 0.5~1.0cm），但要保证探头不能与导体板接触。

（4）水平方向转动水平杆（水平测量标尺）至 0°。

（5）转动手轮 13（图 4-19），使探针移动到地层边界处，记录电压值，并记录相应的探头至井筒的距离。

（6）转动手轮 13（图 4-19），使探针向井筒方向移动，注意电压变化。当探头所处位置对应的电压值与上一个电压值之差等于选定的等压线压力间隔（可选 0.3V 或 0.5V）时，记录电压值与相应的探头至井筒的距离。

（7）重复步骤（5），直至探头无法继续向井筒移动，测出距井筒不同径向距离时的压力值。

（8）按照选定的等压线角度间隔水平方向转动水平杆（水平测量标尺）至下一个角度，重复步骤（4）、（5）、（6），直至水平杆在 90°（对称模型，即垂直双翼裂缝，从 0°测定到 90°即可；非对称模型，即垂直单翼裂缝，则要从 0°测定到 180°）时从边界到井筒的压力变化值测定完毕。

（9）更换不同材质与不同尺寸的导体板（垂直裂缝模拟板），重复步骤（2）～（8），直至设计尺寸与材质模拟裂缝导体板测定完毕。

3. 水平井水力压裂电模拟

1）压裂前均质地层模型

地层均质等厚，矩形地层中间有一口水平井，水平段对称两侧边界，定压边界，向井稳定流动。

（1）测量水平井水平段长度。

（2）将稳压电源调至 10V，并用数字万用表校准（以下每调一次电压均需校准），记录对应的电流（产量）。

（3）转动垂向手动操作手轮 5（图 4-21），使探针没入 $CuSO_4$ 水溶液中，记录探头垂直深度（通常没入深度为 0.5~1.0cm）。

（4）转动纵向手动操作手轮 10（图 4-21），使水平测量臂处于距离直井井筒的某位置（通常从直井井筒位置开始逐渐向远离直井方向测量），记录水平位置。

（5）转动横向手动操作手轮 9（图 4-21），使探头移动到地层边界处，记录电压值，并记录相应的探头至水平井段的距离。

（6）转动横向手动操作手轮 9（图 4-21），使探头向水平井段方向移动，注意电压变化。当探头所处位置对应的电压值与上一个电压值之差等于选定的等压线压力间隔（可选 0.3V 或 0.5V）时，记录电压值与相应的探头至水平井段的距离。

（7）重复步骤（6），直至探头到达水平井段，测出距水平井段不同距离时的压力值。

（8）转动纵向手动操作手轮 10（图 4-21），使水平杆移动到下一个纵向（沿水平井筒方向）位置（选定的等压线水平纵向位移间隔，通常选 5cm），重复步骤（5）、（6）、（7），直至水平杆移动到边界，测定完毕。

（9）若欲描绘水平井水平段周围垂向压力分布，则转动垂向手动操作手轮 5（图 4-21），使探针没入 $CuSO_4$ 水溶液中不同深度，记录探头垂直深度后，重复步骤（4）～（8）。

（10）若欲对比水平井水平段长度对产量及压力分布的影响，则更改水平段长度，重复步骤（1）～（8）。

2）水平裂缝地层模型

地层均质等厚，矩形地层中间有一口水平井，水平段对称两侧边界，定压边界，压裂后形

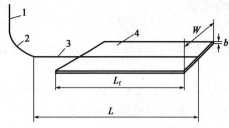

图4-24 水平井压开水平裂缝示意图
1—直井段；2—造斜段；3—水平段；4—水平
裂缝模拟板；L—水平井段长度；L_f—缝长；
W—缝宽；b—缝高

成以水平井水平段井轴为对称的矩形水平裂缝，向井稳定流动。水平井压开水平裂缝如图4-24所示。

（1）测量水平井水平段长度。

（2）将稳压电源调至10V，并用数字万用表校准（以下每调一次电压均需校准）。

（3）将一定尺寸与材质的矩形导体板（水平裂缝）放入CuSO₄水溶液中的支架上，注意要对称于水平井筒，并与井筒靠紧，记录对应的电流（产量）。

（4）转动垂向手动操作手轮5（图4-21），使探针没入CuSO₄水溶液中，记录探头垂直深度（通常没入深度为0.5～1.0cm）。

（5）转动纵向手动操作手轮10（图4-21），使水平杆处于距离直井井筒的某位置（通常从直井井筒位置开始逐渐向远离直井方向测量），记录水平位置。

（6）转动横向手动操作手轮9（图4-21），使探头移动到地层边界处，记录电压值，并记录相应的探头至水平井段的距离。

（7）转动横向手动操作手轮9（图4-21），使探头向水平井段方向移动，注意电压变化。当探头所处位置对应的电压值与上一个电压值之差等于选定的等压线压力间隔（可选0.3V或0.5V）时，记录电压值与相应的探头至水平井段的距离。

（8）重复步骤（6），直至探头到达水平井段，测出距水平井段不同距离时的压力值。

（9）转动纵向手动操作手轮10（图4-21），使水平杆移动到下一个纵向（沿水平井筒方向）位置（选定的等压线水平纵向位移间隔，通常选5cm），重复步骤（6）、（7）、（8），直至水平杆移动到边界，测定完毕。

（10）若欲对比不同裂缝尺寸与导流能力对压裂后产量及压力分布的影响，则更换不同材质与尺寸的导体板（水平裂缝模型），重复步骤（3）～（9），直至设计尺寸与材质模拟裂缝导体板测定完毕。

（11）若欲描绘水平井水平段周围垂向压力分布，则转动垂向手动操作手轮5（图4-21），使探针没入CuSO₄水溶液中不同深度，记录探头垂直深度后，重复步骤（4）～（9）。

（12）若欲对比水平井水平段长度对产量及压力分布的影响，则更改水平段长度，重复步骤（2）～（9）。

3）与水平段同方向的垂直裂缝地层模型

地层均质等厚，矩形地层中间有一口水平井，水平段对称两侧边界，定压边界，压裂后形成以水平井水平段井轴为对称的矩形垂直裂缝，向井稳定流动。水平井压开与水平段同方向的垂直裂缝地层模型如图4-25所示。

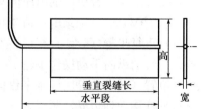

图4-25 水平井压开垂直裂缝等压线示意图

（1）测量水平井水平段长度。

（2）将稳压电源调至10V，并用数字万用表校准（以下每调一次电压均需校准）。

（3）将一定尺寸与材质的矩形导体板（垂直裂缝）竖直放入CuSO₄水溶液中的支架上，注意导体板要与水平井筒靠紧，记录对应的电流（产量）。

（4）转动垂向手动操作手轮5（图4-21），使探针没入CuSO₄水溶液中，记录探头垂直深度（通常没入深度为 0.5~1.0cm）。

（5）转动纵向手动操作手轮 10（图 4-21），使水平杆处于距离直井井筒的某位置（通常从直井井筒位置开始逐渐向远离直井方向测量），记录水平位置。

（6）转动横向手动操作手轮 9（图 4-21），使探头移动到地层边界处，记录电压值，并记录相应的探头至水平井段的距离。

（7）转动横向手动操作手轮 9（图 4-21），使探头向水平井段方向移动，注意电压变化。当探头所处位置对应的电压值与上一个电压值之差等于选定的等压线压力间隔（可选 0.3V 或 0.5V）时，记录电压值与相应的探头至水平井段的距离。

（8）重复步骤（7），直至探头到达水平井段，测出距水平井段不同距离时的压力值。

（9）转动纵向手动操作手轮 10（图 4-21），使水平杆移动到下一个纵向（沿水平井筒方向）位置（选定的等压线水平纵向位移间隔，通常选 5cm），重复步骤（6）、（7）、（8），直至水平杆移动到边界，测定完毕。

（10）若欲对比不同裂缝尺寸与导流能力对压裂后产量及压力分布的影响，则更换不同材质与尺寸的导体板（水平裂缝模型），重复步骤（3）~（9），直至设计尺寸与材质模拟裂缝导体板测定完毕。

（11）若欲描绘水平井水平段周围垂向压力分布，则转动垂向手动操作手轮 5（图 4-21），使探针没入 $CuSO_4$ 水溶液中不同深度，记录探头垂直深度后，重复步骤（4）~（9）。

（12）若欲对比水平井水平段长度对产量及压力分布的影响，则更改水平段长度，重复步骤（2）~（9）。

4）与水平段垂直的垂直裂缝地层模型

地层均质等厚，矩形地层中间有一口水平井，水平段对称两侧边界，定压边界，压裂后形成垂直于水平井水平段井轴的矩形垂直裂缝，向井稳定流动。水平井压裂出与水平段垂直的垂直裂缝（2 条垂直裂缝）地层模型如图 4-26 所示。

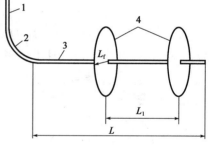

图 4-26 水平井压开垂直双裂缝示意图
1—直井段；2—造斜段；3—水平段；4—垂直裂缝模拟板；L—水平井段长度；L_f—缝长；L_1—缝间距

（1）测量水平井水平段长度。

（2）将稳压电源调至 10V，并用数字万用表校准（以下每调一次电压均需校准）。

（3）将一定尺寸和材质的矩形导体板（垂直裂缝模拟板）竖直放入 $CuSO_4$ 水溶液中的支架上，注意导体板要与水平井筒垂直并相连接，记录导体板在水平井段（纵向）所处的位置；若多条垂直裂缝，则记录裂缝数量和相应纵向位置，记录对应的电流（产量）。

步骤（4）~（12）与沿水平段井轴向的垂直裂缝地层模型测定步骤相同。

五、实验数据处理

1. 垂直井水力压裂电模拟

1）压裂前均质地层模型

将不同角度和至井筒不同距离处电压相同（地层压力）的点用线段连接起来，即为等压线，压裂前均质地层模型的等压线是一族以井轴为圆心的同心圆。

2）水平裂缝地层模型

（1）裂缝描述。列出测定的裂缝厚度、裂缝半径、材质以及裂缝半径与供油半径之比。

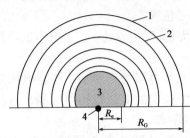

图4-27　压开水平裂缝时的等压线示意图

1—供给边缘；2—等压线；

3—水平裂缝；4—油井

（2）计算增产倍数。将不同裂缝条件下的产量（电流）与压裂前均质地层模型产量（电流）相除，即得到相应的增产倍数。

（3）绘制等压线。每隔 $10°$ 取一组数据，每组测 $9\sim10$ 个点，即测电压与距离（$V-r$）的关系，每两个点间电压差为 $0.3V$，测定对应的距离。将电压相等点连线，就获得等压线，它反映 $p-r$ 的关系，如图 $4-27$ 所示。图中 r_f 为压开水平裂缝半径，r_e 为地层供给边缘半径，4 指油井，虚线为等压线。

3）垂直裂缝地层模型

（1）裂缝描述。列出测定的裂缝厚度、裂缝半长、裂缝高度以及裂缝半长与供油半径之比，所压裂缝包括垂直单翼裂缝与垂直双翼裂缝。

（2）计算增产倍数。将不同裂缝条件下的产量（电流）与压裂前均质地层模型产量（电流）相除，即得到相应的增产倍数。

（3）绘出等压线。对垂直单翼裂缝、对称垂直双翼裂缝分别绘制。

垂直单翼裂缝：图 $4-28$ 为垂直单翼裂缝等压线示意图。在 $0°\sim180°$ 角度（共 18 组）范围内，每 $10°$ 测 $8\sim9$ 组数据，绘制等压线图。

垂直双翼裂缝：图 $4-29$ 为对称垂直双翼裂缝等压线示意图。要测 $0°\sim90°$ 之间每隔 $10°$ 测量一组数据，9 种角度条件下各测 $8\sim9$ 组数据，绘制等压线图。

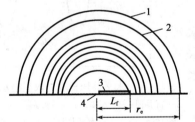

图4-28　垂直单翼裂缝等压线示意图

1—供给边缘；2—等压线；3—单翼裂缝；

4—油井；L_f—裂缝长度；r_e—供给边缘半径

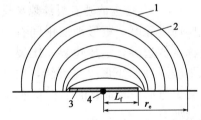

图4-29　对称垂直双翼裂缝等压线示意图

1—供给边缘；2—等压线；3—垂直双翼裂缝；

4—油井；L_f—裂缝长度；r_e—供给边缘半径

2. 水平井水力压裂电模拟

1）压裂前均质地层模型

（1）模型描述。列出水平井参数，如水平段长度、供给边缘形状和尺寸，油层厚度，水平段在油层中的位置等。

（2）油井产量。根据实验数据做出水平段长度对油井产量的影响关系曲线。

（3）绘制等压线。均质地层中有一口水平油井，定产量生产，测出距井筒不同径向距离时的压力值，将压力相同的点连线，即得到等压线。绘出等压线与流线如图 $4-30$

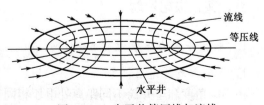

图4-30　水平井等压线与流线

和图4-31所示。

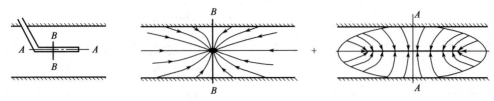

图4-31 水平井两法向相交平面的两个二维图形

2) 水平裂缝地层模型

(1) 裂缝描述。列出水平裂缝的厚度、裂缝缝长、缝宽、材质（不同材质导电能力不同，模拟不同导流能力）以及裂缝在油层中的位置（某一确定深度），压开裂缝长、宽与供油半径之比。

(2) 计算增产倍数。将不同裂缝条件下的产量（电流）与压裂前均质地层模型产量（电流）相除，即得到相应的增产倍数。

(3) 绘制等压线。将电压相等点连线即为等压线，反映 $p-r$ 的关系，如图4-32所示。

3) 与水平段同方向的垂直裂缝地层模型

(1) 裂缝描述。列出垂直裂缝的厚度、裂缝缝长、缝宽、材质（不同材质导电能力不同，模拟不同导流能力）以及裂缝在油层中的位置（在水平段上的不同位置），压开裂缝长、宽与供油半径之比。

(2) 计算增产倍数。将不同裂缝条件下的产量（电流）与压裂前均质地层模型产量（电流）相除，即得到相应的增产倍数。

(3) 绘制等压线。将电压相等点连线即为等压线，反映 $p-r$ 的关系，平行于井轴的垂直单翼裂缝与双翼裂缝相似，图4-33为单翼裂缝等压线示意图。

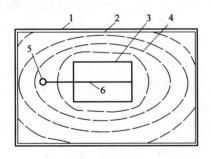

图4-32 水平井压开水平裂缝等压线示意图
1—电解槽；2—供给边缘；3—水平裂缝；
4—等压线；5—直井段；6—水平井段

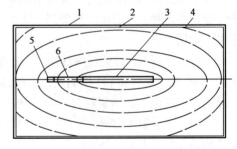

图4-33 水平井压开垂直单翼裂缝等压线示意图
1—电解槽；2—供给边缘；3—水平裂缝；
4—等压线；5—直井段；6—水平井段

4) 与水平段垂直的垂直裂缝地层模型

(1) 裂缝描述。列出垂直裂缝的厚度、裂缝缝长、裂缝条数、缝宽、材质（不同材质导电能力不同，模拟不同导流能力）以及裂缝在油层中的位置（在水平段上的不同位置），压开裂缝长、宽与供油半径之比。

(2) 计算增产倍数。将不同裂缝条件下的产量（电流）与压裂前均质地层模型产量（电流）相除，即得到相应的增产倍数。

(3) 绘制等压线。将电压相等点连线即为等压线，反映 $p-r$ 的关系，垂直于井轴的垂直单翼裂缝与双翼裂缝相似。绘制等压线时参考水平井压开水平裂缝时的做法，取同一深

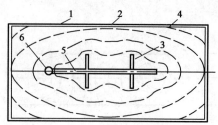

图 4-34　水平井压开垂直双翼裂缝等压线示意图

1—电解槽；2—供给边缘；3—水平裂缝；
4—等压线；5—直井段；6—水平井段

度。图 4-34 为双翼裂缝等压线示意图。

六、实验要求

（1）通过实验使学生了解并掌握压裂电模拟的基本原理与方法。

（2）测定垂直井压开水平裂缝、垂直裂缝的增产倍数与地层压力分布。

（3）测定水平井压开水平裂缝、垂直单翼裂缝、垂直双翼裂缝等的增产倍数与地层压力分布，继而对压裂增产原理有较明确的认识。

（4）测定未压裂前均质等厚地层中心有一口采油井情况下油井产量与压力的分布，即等压线及压降曲线，以及当地层供给边缘压力每增加 10% 时油井产量的变化。

第三节　钻井液污染及处理方法

一、实验目的

（1）了解和掌握盐侵、钙侵对钻井液性能影响的规律及原理。

（2）掌握泥浆处理剂的种类及作用原理。

（3）掌握知识的综合运用能力。

二、实验原理

为了保证钻井液的稳定性并提高钻井液的各种工艺性能，以适应各种情况下的钻井要求，钻井液中使用着各种各样的化学处理剂（钻井液添加剂）。随着钻井工艺向高速优质、超深井、海洋和复杂地层发展，钻井液体系不断发展，钻井液处理剂的种类也在不断地增加和更新。目前，美国的钻井液处理剂已经超过两百种。按处理剂在钻井液中所起作用的不同，可将钻井液处理剂分为以下 16 类：碱度和 pH 控制剂；杀菌剂；除钙剂；腐蚀抑制剂；消泡剂；乳化剂；降失水剂；絮凝剂；起泡剂；堵漏材料；润滑剂；页岩稳定剂；表面活性剂；稀释剂和分散剂；增黏剂；加重剂。为了叙述方便，本章拟将一些比较常用和重要的处理剂分成无机处理剂、有机处理剂与表面活性剂三大类，分别对无机处理剂与有机处理剂的结构、性质作一简要介绍。

1. 无机处理剂

1）纯碱

纯碱就是碳酸钠（Na_2CO_3），又称苏打。无水碳酸钠为白色粉末，相对密度为 2.5，易溶于水，在接近 36℃ 时溶解度最大，水溶液呈碱性（pH 值为 11.5），在空气中易结成硬块（晶体），存放时要注意防潮。

纯碱在水中容易电离和水解：

$$Na_2CO_3 == 2Na^+ + CO_3^{2-}$$
$$CO_3^{2-} + H_2O == HCO_3^- + OH^-$$
$$HCO_3^- + H_2O == H_2CO_3 + OH^-$$

其中，电离和一级水解较强，所以纯碱水中主要存在 Na^+、CO_3^{2-}、HCO_3^- 和 OH^- 离子。

纯碱能通过离子交换和沉淀作用使钙质黏土变为钠质黏土：

$$Ca-黏土+Na_2CO_3 \rightleftharpoons Na-黏土+CaCO_3\downarrow$$

从而有效地改善黏土的水化分散性能。因此，加入适量纯碱，可使新浆的失水下降，黏度、切力增大。但过量的纯碱要产生压缩双电层的聚结作用，反使失水增大。其合适加量要通过造浆实验来确定。

此外，由于 $CaCO_3$ 的溶解度很小，在钻水泥塞或钻井液受到钙侵时，加入适量纯碱使 Ca^{2+} 沉淀成 $CaCO_3$，从而使钻井液性能变好。

含羧基钠官能团（—COONa）的有机处理剂因钙侵（或 Ca^{2+} 浓度过高）而降低了处理效果时，一般可以用加入适量纯碱的方法恢复作用。

2）烧碱

烧碱即氢氧化钠（NaOH），是乳白色晶体，相对密度为 2～2.2，易溶于水，溶解时放热，溶解度随温度升高而增大，水溶液呈强碱性（pH 值为 14），能腐蚀皮肤和衣服。烧碱容易吸收空气中的水分和二氧化碳，并与 CO_2 作用生成碳酸钠，存放时应注意防潮加盖。

烧碱是强碱，主要用于控制钻井液的 pH 值，与丹宁、褐煤等酸性处理剂配制成碱液，使其有效成分变为溶解态，还可控制 Ca^{2+} 浓度，因为 $Ca^{2+}+2OH^-\!\!=\!\!=\!\!Ca(OH)_2\downarrow$。

3）石灰

生石灰是 CaO，吸水后变成熟石灰 $Ca(OH)_2$，在水中的溶解度不大（常温下约为0.16%），且随温度升高而降低。石灰可提供 Ca^{2+}，控制黏土的水化分散能力，使之保持适度的粗分散；配合稀释剂和降失水剂进行钙化处理，可获得性能比较稳定、对可溶盐侵污不敏感、对泥页岩防塌性能较好的钙处理钻井液。但石灰钻井液在高温情况下可能会产生固化，因此超深井慎用。

石灰还可配制石灰乳堵漏剂封堵漏层。

4）石膏

石膏（$CaSO_4$）有生石膏和熟石膏两种。熟石膏是白色粉末，相对密度为 2.5，常温下溶解度较小（约为 0.2%），40℃以前溶解度随温度升高而增大，40℃以后溶解度随温度升高而降低，其溶解度大于石灰。吸湿后结成硬块，存放时应注意防潮。

在处理钻井液上，石膏与石灰的作用大致相同，都是钙处理的原材料，其差别在于阴离子的影响不同，石膏提供的钙离子浓度比石灰高一些，石膏处理会引起钻井液 pH 值降低。石膏活性剂钻井液曾用到超深井。

5）氯化钙

氯化钙（$CaCl_2$）能大量溶于水中（常温下约为 75%），且其溶解度随温度升高而增大，它比石灰、石膏的溶解度大得多，故可用来配制防塌性能较好的高钙钻井液。由于 $Ca^{2+}+2OH^-\!\!=\!\!=\!\!Ca(OH)_2\downarrow$，用 $CaCl_2$ 处理时常常引起钻井液 pH 值降低。同时，$CaCl_2$ 钻井液的 pH 值不宜过高，这样才能保证较高的 Ca^{2+} 浓度。

6）食盐

食盐（NaCl）为白色晶体，常温相对密度约为 2.17；纯品不潮解，含 $MgCl_2$、$CaCl_2$ 等杂质的食盐容易吸潮。在水中的溶解度较大（20℃时为 36.0g/100g 水），且其溶解度随温度升高略有增大（80℃时为 38.4g/100g 水）。

食盐主要用来配制饱和盐水钻井液，以防岩盐井段溶解成"大肚子"；还可用来提高钻井液的矿化度，抑制井壁泥岩水化膨胀或坍塌；有时也用于提高钻井液的切力和黏度。

7) 水玻璃

水玻璃一般为黏稠的半透明液体，随所含杂质不同可以呈无色、棕黄色或青绿色等，井场采用的水玻璃相对密度为 1.5～1.6，pH 值为 11.5～12，能溶于水和碱性溶液，能与盐水混溶，可用饱和盐水调节水玻璃的黏度。

水玻璃的化学式常用 Na_2SiO_3 表示，但实际结构常以 Si—O—Si 键连成低聚合度的聚合物，故用 $Na_2 \cdot xSiO_2$ 表示水玻璃的组成较好。

水玻璃加入钻井液，可以部分水解生成胶态沉淀：

$$Na_2O \cdot xSiO_2 + (y+1)H_2O \Longrightarrow xSiO_2 \cdot yH_2O\downarrow + 2NaOH$$

可使部分黏土颗粒（或粉砂等）聚沉，从而保持较低的固相含量和相对密度。此外，水玻璃钻井液对泥页岩的水化膨胀有一定的抑制作用，故有较好的防塌性能。

当水玻璃溶液的 pH 值降至 9 以下时，整个溶液会变成不流动的凝胶。这是由于水玻璃发生缩合作用，生成较长的带支链的—Si—O—Si—链，这种长链能形成网状结构而包住溶液中的全部水：

$$\cdots\!-\!\underset{|}{\overset{|}{Si}}\!-\!OH + HO\!-\!\underset{|}{\overset{|}{Si}}\!-\!\cdots \longrightarrow \cdots\!-\!\underset{|}{\overset{|}{Si}}\!-\!O\!-\!\underset{|}{\overset{|}{Si}}\!-\!\cdots + H_2O$$

从调匀 pH 值到胶凝所需的时间，随 pH 值而有很大的变化（可以从几秒到几十小时），利用这个特点，可以将混入水玻璃的钻井液打入预定井段进行胶凝堵漏。

此外，水玻璃溶液遇 Ca^{2+}、Mg^{2+} 等高价离子会产生沉淀：$Ca^{2+} + Na_2SiO_3 \longrightarrow CaSiO_3\downarrow + 2Na^+$。使用中应注意到这一特点。

8) 三氯化铁

三氯化铁（$FeCl_3$）为棕褐色固体，常温相对密度约为 2.90，易潮解；易溶于水，且其溶解度随温度升高而显著增大（20℃时为 91.8g/100g 水，80℃时为 525.0g/100g 水）。其水溶液因水解作用而呈酸性，当 pH 值>4 时，水解作用接近完全。水解反应如下：

$$FeCl_3 + 3H_2O \Longrightarrow Fe(OH)_3 + 3HCl$$

水解产物 $Fe(OH)_3$ 是亲水性胶状物，$Fe(OH)_3$ 胶粒带正电，易被带负电的黏土颗粒吸附，从而使滤饼油滑致密，并降低钻井液的失水量。$FeCl_3$ 是胜利油田创造的铁胶的处理剂。由于 $FeCl_3$ 水解产生酸，使用时应配合烧碱。

9) 重铬酸钠

重铬酸钠（$Na_2Cr_2O_7 \cdot 2H_2O$）又称红矾钠，红色针状晶体，常温相对密度约为 2.35，易潮解，有强氧化性，易溶于水（25℃时溶解度为 190g/100g 水），水溶液因水解作用呈酸性：

$$Cr_2O_7^{2-} + H_2O \Longrightarrow 2CrO_4^{2-} + 2H^+$$

加碱时平衡右移，故在碱溶液中主要以 CrO_4^{2-} 形式存在。Cr^{3+} 又能与多官能团的有机处理剂形成络合物（如木质素磺酸铬，铬腐殖酸）。少量铬酸盐能提高铁铬盐钻井液和煤碱剂钻井液的热稳定性。有时也用作防腐剂。

10) 六偏磷酸钠

六偏磷酸钠 $[(NaPO_3)_6]$ 为无色玻璃状固体，常温相对密度约为 2.5，有较强的吸湿性，潮解后会逐渐变质，能溶于水，在温水中溶解较快，溶解度随温度升高而增大，水溶液呈弱酸性（pH 值为 6.0～6.8）。

六偏磷酸钠遇少量 Ca^{2+} 生成水溶性络离子 $[CaNa_2(PO_3)_6]^{2-}$，遇大量 Ca^{2+} 可生成 $Ca_3(PO_3)_6$ 沉淀；与 Mg^{2+} 和 Fe^{2+} 亦能生成水溶性络离子 $[MgNa_2(PO_3)_6]^{2-}$ 和

$[FeNa_{2-}(PO_3)_6]^{2-}$。六偏磷酸钠在水溶液中逐步发生水解：

$$(NaPO_3)_6 + 3H_2O \xrightarrow{\quad} 3HP_2O_7^{3-} + 3H_2O + 6Na^+$$
$$HP_2O_7^{3-} + H_2O \xrightarrow{\quad} 2HPO_4^{2-} + H^+$$

温度升高或加入碱都会使水解平衡向右移动，水解程度增大，络合 Ca^{2+}、Mg^{2+} 的能力降低。

六偏磷酸钠主要用作黏土钻井液的分散剂。

11）碱式碳酸锌

碱式碳酸锌 $[Zn_2(OH)_2CO_3]$ 能与 H_2S 反应生成稳定的不溶性 ZnS，加入钻井液中后不会影响钻井液性能，且能有效地消除 H_2S 的污染和腐蚀，是新近使用较好的 H_2S 清除剂。

12）重晶石

重晶石的化学成分是 $BaSO_4$，纯品为白色粉末，含杂质的制品带绿色或灰色。它不溶于水、有机溶剂、酸或碱的溶液，只能少量溶于浓酸，生成硫酸氢钡 $[Ba(HSO_4)_2]$。重晶石的相对密度较大（纯品为 4.3～4.6，现场使用一般为 3.9～4.2），是常用的钻井液加重剂（以悬浮状态增加钻井液相对密度）。为了使它能很好地悬浮在钻井液中，一般细度要求是 99.9% 能通过 200 号筛。

13）石灰石

石灰石的化学成分是 $CaCO_3$，纯品为白色，含杂质时可呈灰色或浅黄色；常温相对密度为 2.2～2.9；不溶于水，能溶于稀盐酸（$CaCO_3 + 2HCl \longrightarrow CaCl_2 + H_2O + CO_2$）；磨成细粉亦可用作钻井液加重剂。其优点是不会堵死油气层（在油井酸化时可被溶去），缺点是相对密度较小，要使钻井液相对密度加到 1.5 以上有困难（钻井液固相含量太高影响流动性）。

14）菱铁矿

菱铁矿（$FeCO_3$）的相对密度约为 3.8，不溶于水，能溶于盐酸和甲酸；磨成细粉可用作不堵塞油气层的酸溶性加重剂。它比石灰石的相对密度高，可将钻井液加重到 2.2 左右，而且 Fe^{2+} 还可避免对铁管等的腐蚀。菱铁矿既适用于水基钻井液，也适用于油基钻井液。

15）方铅矿

方铅矿（PbS）为铅灰色有金属光泽的粒状或块状物，常温相对密度为 7.5～7.6，硬度为 2～3，容易加工成细粉；不溶于水和碱，能溶于酸，是酸溶性加重剂；因其相对密度高，特别适用于超重钻井液。

此外，石墨粉可用来改善钻井液的润滑性；石棉粉可用于提高清水钻进的带砂能力；磷酸氢二铵 $[(NH_4)_2HPO_4]$ 可用作盐水钻井液的腐蚀抑制剂；亚硫酸钠可用作低 pH 值钻井液的除氧剂，减少或消除钻井液中溶解的氧对金属管材的腐蚀；胶态氧化镁或氢氧化镁可用来代替黏土配制无黏土钻井液，因其相对密度低，热稳定性好，用它配制的无黏土钻井液可以提高钻速，也适用于超深井。

总括起来，无机处理剂的作用原理主要有以下三个方面：

(1) 离子交换吸附。主要是黏土颗粒表面的 Na^+ 与 Ca^{2+} 交换。这一过程在改善黏土的造浆性能，钻井液的钙侵及其处理，钙处理钻井液以及防塌等方面都很重要，对钻井液性能的影响也较大。

(2) 通过沉淀、中和、水解、络合等化学反应，除去有害离子，控制 pH 值，使有机处理剂变成能起作用的溶解态，形成螯合物等。

(3) 压缩双电层的聚结作用。这在盐水钻井液、盐侵及其处理中较重要，还可用来使钻井液保持适度粗分散，调整钻井液的流动性能。

2. 有机处理剂

有机处理剂一般按其主要作用分为稀释剂（主要用来控制钻井液的流动性）、降失水剂和絮凝剂等几类。它们大多是水溶性高分子，对黏土悬浮体都有不同程度的护胶稳定作用。从其来源和发展上看，也可分为天然高分子及其加工产品与合成高分子两大类，前者来源广、成本较低，目前使用也较广泛；后者成本较高，但有一些特殊的处理效果和作用，随着化学工业和钻井液工艺的发展，使用也在逐渐增多。

1）稀释剂

（1）丹宁。

丹宁又称鞣质，广泛存在于植物的根、茎、皮、叶、果壳或果实当中，是一大类多元酚的衍生物。由于种植物得来的丹宁，其化学组成颇不一致，根据化学结构可将丹宁分为两类：

①水解类丹宁：具有酯键或配糖键，在酸和酶的作用下容易水解产生梧酸（没食子酸）、双梧酸、鞣花酸（俗称黄粉）。例如栗木、橡椀、五梧子、漆叶等所含的丹宁。

②缩合类丹宁：所有芳香核以碳键相连，在强酸和强氧化剂作用下分子间可以缩合，甚至产生红色沉淀（红粉）。例如坚木（或百雀木）、荆树皮、栲树皮、几茶等所含的丹宁。我国四川、湖南、广西一带盛产五梧子丹宁，橡椀丹宁资源也很丰富，目前现场上大多使用这两种丹宁或其改性产品。

国产五梧丹宁的结构如下：

分子式为 $C_{78}H_{52}O_{46}$，相对分子质量为 1701，是五个双没食子酸与葡萄糖的缩合物，故又称为五双没食子酸葡萄糖。

丹宁可溶于水，呈弱酸性，加强酸使 pH 值<5 时丹宁酸即沉淀析出。与 NaOH 作用生成的丹宁酸钠水溶性更大，用作钻井液处理剂时，都配成 2:1、6:4 或 1:1 的丹宁碱液。丹宁酸钠（代号 NaT）抗盐析的能力较差，钻井液遇大量可溶盐侵时，丹宁会显著减效。五梧子丹宁可按下式分步水解：

$$5(C_{14}H_9O_9) \cdot C_6H_7O + 5H_2O \longrightarrow 5C_{14}H_{10}O_9 + C_6H_{12}O_6$$

　　五棓子丹宁　　　　　　　　双没食子酸　葡萄糖

双没食子酸　　　　　　　　　**没食子酸**

　　五棓子丹宁在 NaOH 溶液中水解生成的是双没食子酸钠和没食子酸钠。温度越高、水解越激烈。水解产物虽有稀释作用，但由于相对分子质量大大降低，其处理效果（特别是抗盐性）也降低。

　　（2）栲胶。

　　栲胶系由橡椀、红柳皮或落叶松树皮等含丹宁的植物加工制成，含丹宁为 $48\% \sim 70\%$，依栲胶的级别而异。配制栲胶碱液，栲胶与烧碱的比例为 $1:1$、$2:1$、$3:1$ 和 $4:1$，浓度为 $1/10$ 或 $1/5$。栲胶碱液中起稀释作用的成分仍是丹宁酸钠，其作用原理同前，差别在于栲胶中含糖类较多，故温度高时易发酵，引起钻井液发泡和性能变坏，一般仅用于浅井和中深井。

　　（3）磺甲基丹宁。

　　磺甲基丹宁可在碱性条件（pH 值为 $9 \sim 10$）下用丹宁酸与甲醛和亚硫酸氢钠进行磺甲基化学反应制得；进一步用 $Na_2Cr_2O_7$ 进行氧化和螯合所得的磺甲基丹宁铬螯合物，其处理效果更好。

　　磺甲基丹宁铬是近几年发展的一种新型稀释剂，其主要特点是热稳定性高，从初步的处理试验看，在 $180 \sim 200℃$ 的高温下能有效控制淡水钻井液的黏度，适用于高温深井。

　　（4）铁铬木质素磺酸盐。

　　铁铬木质素磺酸盐简称铁铬盐，其代号为 FCLS 或 TLM，是由木质素磺酸钙（亚硫酸纸浆废液的主要成分）与重铬酸钾和硫酸亚铁在一定条件下反应制得，成品为棕黑色粉末，易溶于水，呈弱酸性，大量加入钻井液时应配合烧碱。

　　铁铬盐的结构尚未完全弄清，但有几点是比较确定的：

　　①铁铬盐基本上是非离子型链状高分子亲水化合物，高分子链长短不一，相对分子质量为 $20000 \sim 100000$。

　　②铁铬盐中没有六价铬存在（木质素具有还原性），而且 pH 值在 $1 \sim 11$ 范围内，Fe^{2+} 和 Cr^{3+} 都不能被强酸型离子交换树脂交换。

　　③Fe^{2+} 和 Cr^{3+} 与木质素磺酸形成了较稳定的螯合物。

　　铁铬盐是一种抗盐、抗钙与抗温能力均较强的有效稀释剂，能用于淡水、海水和饱和盐水钻井液、各种钙处理钻井液和超深井钻井液。其稀释作用包括两个方面：

　　①吸附在黏土颗粒的断键边缘上形成吸附水化层，从而削弱黏土颗粒间的端—面和端—端黏结，削弱或拆散空间网架结构，致使钻井液黏度、切力显著降低。

　　②铁铬盐在泥岩、页岩上的吸附有抑制其水化膨胀和分散的作用，这不仅有利于井壁稳定，还可防止泥页岩造浆引起的钻井液黏度、切力上升，也可抑制钻井液中黏土颗粒的进一

步细分散引起的黏度、切力上升。

室内试验和现场使用经验指出：

①在130℃以上发生减效现象时，可加入少量的$K_2Cr_2O_7$或$Na_2Cr_2O_7$恢复铁铬盐的稀释作用。这样，其热稳定性可提高到177℃，温度超过177℃铁铬盐产生不可逆降解，还可能产生硫化物脆化腐蚀。

②pH值在9~11之间效果最好。

③钻井液中的用量在3‰以上时，其抑制黏土水化膨胀的作用较显著；加过量不易损害钻井液性能，但会增加成本。

④铁铬盐钻井液的滤饼摩擦系数较高，深井中使用时要注意混油和添加有效的润滑剂。

⑤使用时如果产生泡沫，可加少量硬脂酸铝、甘油聚醚等消除。

2）降失水剂

（1）煤碱剂（代号NaC）。

煤碱剂是由褐煤粉加适量烧碱和水配制而成的，其中的主要有效成分为腐殖酸钠，是一种低成本处理剂。

褐煤含有大量的腐殖酸（20%~80%），腐殖酸难溶于水，易溶于碱（生成腐殖酸钠）。值得注意的是，对于一定量的褐煤和水，随着碱比增大，煤碱剂中腐殖酸含量出现一个极大值（图4-35），烧碱用量不足，不能使腐殖酸全部溶解，过量的烧碱又有聚结作用，反使腐殖酸含量下降。具体的煤碱剂配方要视褐煤的腐殖酸含量与具体使用条件而定。现场常用配方为15∶（1~3）∶（50~200）＝褐煤∶烧碱∶水。

腐殖酸不是单一的化合物，而是由几个分子大小不同、结构组成不一致的羟基芳香羟酸族组成的混合物，用不同溶剂可将其分成三个组分如下：

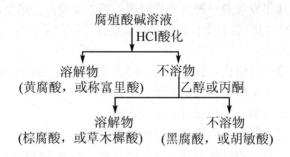

其中以黑腐酸所占的比例最大。

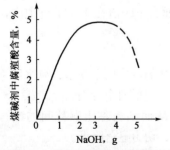

图4-35 褐煤/烧碱配比对煤碱剂
中腐殖酸含量的影响

从元素分析得知，腐殖酸的化学组成一般为：C55%~65%；H5.5%~6.5%；O25%~35%；N3%~4%；另含少量S和P。

腐殖酸的相对分子质量测定结果相差很大，一般认为：黄腐酸300~400；棕腐酸2×10^2~2×10^4；黑腐酸10^4~10^6。

虽然目前还没有一个为大家都接受的腐殖酸结构模式，但对其结构特征还是有一些比较一致的看法：

①所有腐殖酸都有芳香和脂肪结构，基本上含有相同类型的官能团。

②黄腐酸、棕腐酸、黑腐酸的区别在于相对分子质量由小→中→大，黄腐酸碳含量较低，氢含量较高，芳香结构较少，脂肪结构较多，侧链较多；黑腐酸反之；棕腐酸在两者之间。

③腐殖酸可看成是由几个相似结构单元形成的大复合体。每个结构单元又由核、桥键与官能团组成。

核——有均环或杂环的五员环和六员环，有单环，也有二个及三个以上的缩合环，多数是苯环，还有萘、蒽醌、吡咯、呋喃、噻吩、吡啶、吲哚等，它们单个或相互缩合而成核。

桥键——这是连接核的单原子或原子基团。有单桥键和双桥键。核与核之间可由一种桥键连接，也可由两种桥键同时连接。桥键有$-CH_2-CH_2-CH_2-$，$-NH-$，$=CH-$，$-O-$和$-S-$，其中最普遍的是$-O-$和$-CH_2-$。

官能团——核上都带有一个或多个官能团。腐殖酸有多种官能团，如羧基、酚羟基、醇羟基、羟基醌、烯醇基、磺酸基、氨基等，还有游离的醌基、半醌基、甲氧基、羰基等，其中主要的是羧基、酚羟基和醌基。

由于腐殖酸分子含有较多可与黏土吸附的官能团，特别是邻位双酚羧基，又含有水化作用较强的羧钠等基团，使腐殖酸钠既有降失水的作用，还兼有稀释的作用。煤碱剂在钻井液混油时还有乳化分散作用。

由于腐殖酸分子的基本骨架是碳链和碳环结构，因此它的热稳定性相当突出。有文献指出，它在232℃的高温下仍能有效控制淡水钻井液的失水量。室内实验表明，对于淡水钻井液，在200℃、饱和蒸气压下静恒温24h，恒温前、后失水量基本不变。但加入2%～5%的NaCl后，恒温后的失水量猛增。

煤碱剂遇大量钙侵时会生成微溶性的腐殖酸钙沉淀而失效，此时应配合纯碱除钙。但在用大量煤碱剂处理的钻井液中加入适量的Ca^{2+}，能生成部分胶状腐殖酸钙沉淀，使滤饼变得薄而韧，失水降低，同时对钻井液中的Ca^{2+}浓度还有一定的缓冲作用，即当Ca^{2+}被黏土吸附时，平衡：$2Na^+Hm^- + Ca^{2+} \rightleftharpoons Ca(Hm)_2 \downarrow + 2Na^+$左移，使$Ca^{2+}$浓度不降低。因此，褐煤—氯化钙钻井液、褐煤—石膏钻井液有抑制黏土水化膨胀，防止泥页岩井壁坍塌的作用。

此外，腐殖酸分子还可通过其含氧官能团与Fe^{3+}、Al^{3+}、Cr^{3+}、Cu^{2+}等金属离子形成螯合物，这种螯合物在水中有较大的溶解度。腐殖酸分子还具有还原性。

（2）腐殖酸衍生物。

①铬褐煤（或铬腐殖酸）。

铬褐煤是重铬酸钠（钾）与褐煤的混合物，其中腐殖酸与重铬酸盐的质量比为3∶1或1∶1。此混合物在80℃以上反应生成腐殖酸（或氧化腐殖酸）的铬螯合物——铬腐殖酸是其有效成分。反应包括氧化及螯合两步：氧化使腐殖酸的亲水性增强，同时重铬酸盐被还原成Cr^{3+}；Cr^{3+}再与氧化腐殖酸或腐殖酸进行螯合。铬腐殖酸在水中有较大的溶解度，其抗盐、抗钙能力也比腐殖酸钠强。

铬腐殖酸既有降失水作用，又有稀释作用。特别是它和铁铬盐配合使用时（常用配比是铁铬盐∶铬腐殖酸为2∶1），有良好的协同作用。由铁铬盐—铬腐殖酸与表面活性剂（如P-30或丁基萘磺酸钠、司盘-80等）组成的铬腐殖酸活性剂钻井液（或称含铬钻井液）具有很高的热稳定性与较好的防塌效果，现场曾经在6280m的高温深井（井底温度为235℃）与易塌地层中使用。

②硝基腐殖酸。

硝基腐殖酸可用 3 当量浓度（3N）左右的稀硝酸与褐煤在 $40 \sim 60 ℃$ 下反应制成，配比以腐殖酸：硝酸＝1：2 较好。反应包括氧化和硝化，均为放热反应。反应使腐殖酸平均分子质量降低，羧基增多，并引入硝基等。

硝基腐殖酸碱剂具有良好的降失水作用和稀释作用。其突出特点是抗盐力大大增强，加盐 $20 \% \sim 30 \%$ 后仍能有效地控制失水量和黏度。此外，硝基腐殖酸还有良好的乳化作用与较高的热稳定性（抗温可达 200 ℃ 以上），抗钙能力也较强。

③磺甲基褐煤。

磺甲基褐煤可用醛和 Na_2SO_3（或 $NaHSO_3$）在 pH 值为 $9 \sim 11$ 的条件下对褐煤进行磺甲基化学反应制得。所得产品进一步由 $Na_2Cr_2O_7$ 进行氧化和螯合，生成的磺甲基腐殖酸铬处理效果更好。

磺甲基腐殖酸铬是近几年发展的一种新型处理剂，它既有降失水作用，又有稀释作用。主要特点是热稳定性高，在 $200 \sim 220 ℃$ 的高温下能有效地控制淡水钻井液的失水量和黏度。其缺点是高温下的抗盐性能较差。

此外，效果较好的防塌剂 K_{21} 中含有 55% 的硝基腐殖酸钾；腐殖酸钾也可应用于防塌钻井液体系；由腐殖酸与液氨反应制得的腐殖酸酰胺可用作油包水乳化钻井液的辅助乳化剂；用腐殖酸铵和丙烯腈制备的水溶接枝共聚物可用作抗温抗盐的深井钻井液处理剂。

（3）钠羧甲基纤维素。

羧甲基纤维素代号为 CMC，用作钻井液处理剂的都是钠盐，称为钠羧甲基纤维素 Na‐CMC，其分子结构为：

Na‐CMC 是长短不一的链状水溶性高分子，它的两个重要性能指标是聚合度与取代度（或醚化度）。

聚合度是组成 Na‐CMC 分子的环式葡萄糖链节数（即上式中的 n）。同一种 Na‐CMC 产品中各分子的链长不一，实测的是平均聚合度。一般产品的聚合度为 $200 \sim 600$。Na‐CMC 的聚合度是决定其水溶液黏度的主要因素，对于等浓度溶液，其黏度随聚合度增加而增大，而且浓度越高，黏度差别越大。市售 Na‐CMC 分为高黏、中黏及低黏 3 种类型，其实质是聚合度不同。

取代度是每个环式葡萄糖链节上的羧甲基数目。原则上葡萄糖链节上的 3 个羟基上的氢都可被羧甲基取代，若是，则规定其取代度为 3；若只有一个被取代，则规定其取代度为 1；若两个链节中只有一个被取代，则规定其取代度为 0.5。市售 Na‐CMC 的取代度一般为 $0.5 \sim 0.85$。取代度是决定 Na‐CMC 水溶性的主要因素。取代度大于 0.5 的才溶于水，取代度越高，其水溶性越好。最近的研究指出，CMC 在黏土上的吸附活性主要取决于它的取代度，取代度在0.6～0.9之间时，吸附活性随取代度增大而增大；取代度超过0.9以后，吸附活性又随取代度增大而降低。一般说来，用作钻井液处理剂的CMC，其取代度为0.8～0.9效果较好。

Na-CMC是一种抗盐、抗温能力较强的降失水剂，也有一定的抗钙能力。降失水的同时还有增黏作用（高黏CMC增黏更显著），适用于配制海水钻井液、饱和盐水钻井液和钙处理钻井液，目前应用比较广泛。CMC是高分子化合物，在水中溶解速度较慢，这是使用中值得注意的特性，应避免未溶解的CMC被振动筛筛除而造成浪费。

CMC在空气中加热到149℃左右就较快地分解，而在氮气中则在177℃左右较快分解。关于它在钻井液中的抗温能力，各种文献的说法不一。在180℃做过一些试验，发现其抗温能力与钻井液体系有关，pH值与它的聚合度、取代度有关。在相对密度为1.06的铁铬盐—铬腐殖酸搬土钻井液中，有一种中黏CMC在180℃下恒温72h后钻井液失水量仍为6～8mL。恒温后钻井液pH值降到8以下时失水都在10mL以上，故恒温后钻井液pH值保持在8.5～9.5最好。国内3口5000m以上的超深井都是用CMC作失水控制剂，不过有的井到最后几百米处理周期缩短，CMC耗量增大。

近年来，在提高CMC的抗温、抗盐能力方面作了不少研究工作，一方面在CMC的生产或使用过程中掺入某些抗氧剂，另一方面在CMC分子中引入某些基团。例如，一种在制备时掺入乙醇胺作为抗氧化剂的产品，可用于高矿化度钻井液在200℃下钻井；CMC与丙烯腈反应引入氰乙基后再加入$NaHSO_3$引入磺酸基，所得产品的抗温、抗盐能力有明显提高；用60gHNO_3和100g褐煤制备的硝基腐殖酸是CMC在高矿化度钻井液中降解的有效抑制剂，用它与聚合度为500的CMC稳定饱和盐水钻井液，在小于或等于200℃的高温下仍有较低的失水量。

（4）水解聚丙烯腈。

水解聚丙烯腈是聚丙烯腈（聚合度n为2350～3760，平均相对分子质量为12.5×10^4～20×10^4）的水解产物：

$$\left(-CH_2-\underset{\underset{CN}{|}}{CH}-\right)_n +x\text{NaOH}+y\text{H}_2\text{O} \longrightarrow \left(-CH_2-\underset{\underset{COONa}{|}}{CH}-\right)x$$
$$(n=x+y+z)$$
聚丙烯酸钠

$$\left(-CH_2-\underset{\underset{CONH_2}{|}}{CH}-\right)_y\left(-CH_2-\underset{\underset{CN}{|}}{CH}-\right)_z +x\text{NH}_3\uparrow$$
聚丙烯酰胺　　　　聚丙烯腈

实质上是丙烯酸钠、丙烯酰胺和丙烯腈的共聚物。其中的丙烯酰胺在NaOH存在的情况下还可继续水解生成丙烯酸钠，故其水解程度可用羧基与酰胺基之比来表示。

水解聚丙烯腈的优点是热稳定较好，但成本高，多在超深井的高温井段用作降失水剂。

水解聚丙烯腈处理钻井液的性能与聚合度和水解度有关。聚合度较高的降失水能力较强，但增黏也较多。水解度较低的有絮凝作用，水解度太高，降失水能力减弱（可用作增稠剂），羧基与酰胺基之比为4:1～2:1时降失水性能较好。水解聚丙烯腈抗盐能力较强，抗钙能力较弱，遇大量钙（如高浓度$CaCl_2$）时会形成絮状沉淀。

水解聚丙烯腈的降失水作用机理与Na-CMC相似，主要在于酰胺基与黏土颗粒的吸附以及羧基水化引起的吸附水化层与高分子的保护作用。

使用腈纶（聚丙烯腈）下脚料制备水解聚丙烯腈，处理钻井液效果良好，还能降低成本，已在某些油田上推广使用。由于它不削弱选择性絮凝剂絮凝钻屑的能力，用它代替聚丙烯酸钠作为不分散低固相聚合物钻井液的降失水剂，比用任何其他分散剂都更有利于固相控制。根据大庆油田的研究，腈纶下脚料的最优水解条件为：碱比，腈纶：烧碱＝1：0.4～0.5；浓度，15%～18%；温度，90～95℃；时间，2～3h。

此外，美国介绍了一种引发水解的方法（不用烧碱），产品含—CN_2—15%，水解腈基85%～95%，水解腈基中又含—$CONH_2$ 51%～90%、—$COONH_4$ 10%～49%（质量分数）。据称，此产品既抗高温又能抗钙镁。

（5）聚丙烯酸钠。

聚丙烯酸钠是一种水溶性高聚物，用于控制淡水钻井液的失水量，其热稳定性可达191℃。使用时钻井液中 Ca^{2+} 含量应低于200～300mg/L，不适用于钙处理钻井液和海水钻井液。在高温条件下，随着时间的延长，钻井液中可溶性铬能使聚丙烯酸钠聚合成凝胶状态，使钻井液静切力和失水量增大。因其不削弱选择性絮凝剂的絮凝能力，主要用作不分散低固相钻井液的降失水剂，有利于固相控制。高相对分子质量的聚丙烯酸钠还能增进聚合物钻井液的防塌能力。

（6）磺甲基酚醛树脂。

首先在酸性条件（pH值为3～4）下使甲醛和苯酚反应生成适当相对分子质量的线性酚醛树脂，再在碱性介质中加入磺甲基化剂进行分步磺化，适当控制反应条件，即可获得较高磺化度和相对分子质量的磺甲基酚醛树脂。这是我国研制的一种抗温抗盐超深井钻井液处理剂，在7100多米的超深井中使用，效果良好。根据室内试验，磺化度较高的一种产品与磺甲基褐煤、磺甲基单宁配合使用，在180～200℃的高温下，仍能使饱和盐水钻井液具有合适的失水量和流动性质。实践证明，它能降低高温（200℃左右）后高矿化度钻井液失水量、滤饼厚度和滤饼摩擦系数，改善钻井液的流动性质。

（7）磺化褐煤树脂。

这是美国商人介绍的一种新型钻井液处理剂，商品名称为 Resinex，由50%磺化褐煤和50%特制树脂（分析估计为磺甲基酚醛树脂）组成；颗粒尺寸为 $60\mu m$ 的黑色粉末，溶于水；在 pH 值为7～14的各种水基钻井液中均可使用。它是一种抗温抗盐的降失水剂，在盐水钻井液中抗温可达230℃；抗盐最高可达 110000mg/L（Cl^-）；在含钙量为 2000mg/L 的情况下，仍能保证钻井液性能稳定。在降失水的同时，它不会增大钻井液的黏度，高温条件下不会产生胶凝作用。磺化褐煤树脂的一个特殊效用是在高相对密度钻井液中实现了控制失水而不增加钻井液黏度。降失水的机理是能降低滤饼的渗透性，用它处理后滤饼渗透性极低，对于稳定井壁、预防黏卡和不堵塞油气层都是有利的。该产品能与各种处理剂配合使用，成本也不高（与铁铬盐相当）。

此外，磺甲基酚醛树脂与亚硫酸纸浆废液的缩合产物在研究过程中也表现出较好的抗温抗盐能力，有希望发展成为一种良好的处理剂。

3. 增黏剂（生物聚合物）

增黏剂是一种由黄原杆菌类作用于碳水化合物而生成的高分子链状多醣聚合物，是适用于淡水、海水和盐水钻井液的高效增黏剂（兼有降失水作用），加入少量此种聚合物（2.8～5.7g/L）即能产生较高的黏度。其主要特点是具有优良的剪切稀释能力，在钻头水眼高流速下，具有很低的黏度，有利于提高钻速；而在环形空间的低剪切速率下又具有较高的黏度，层流时环空流速剖面较平，有利于带砂（井眼净化）。生物聚合物能与 Cr^{3+} 交联，产生复杂的三维凝胶网，从而提高其增黏效率。生物聚合物在 93℃ 时开始缓慢降解，百叶窗 140℃ 左右时仍不完全失效。它也可与一般钻井液处理剂联合使用。

4. 钻井液外加剂作用机理

1）稀释剂作用机理（以丹宁为例）

丹宁在钻井液中的稀释作用机理如下：

钻井液稠化的主要原因是片状黏土颗粒之间通过端—面和端—端黏结形成空间网架结构。而丹宁酸钠则可通过配价键吸附在黏土颗粒断键边缘的 Al^{3+} 处，如：

同时，剩余的—ONa 基及—COONa 基的水化，又能给黏土颗粒边缘带来水化层。黏土片断键边缘上形成的这种吸附水化层大大削弱了黏土颗粒间的端—面和端—端黏结，从而大大削弱或拆散钻井液中的空间网架结构，致使钻井液的黏度、切力显著降低。

2）降失水剂作用机理（以煤碱剂与 Na-CMC 为例）

（1）煤碱剂降失水机理。

煤碱剂降失水的作用机理：含有多种功能团的阴离子型大分子腐殖酸钠吸附在颗粒表面上形成吸附水化层，同时提高黏土颗粒的电动电位，因而增大黏土颗粒聚结的机械阻力与静电斥力，提高了黏土颗粒的聚结稳定性，使多级分散的钻井液中易于保持和增加细黏土颗粒的含量，以便形成致密的滤饼。特别是黏土颗粒吸附水化膜的高黏度和弹性带来的堵孔作用，使滤饼更加致密，从而降低失水。此外，高分子的加入使钻井液滤液黏度提高，也有利于降低失水量。

（2）Na-CMC 降失水作用机理。

Na-CMC 降失水的作用机理：Na-CMC 在钻井液中电离生成长链多价负离子。羧甲基与断键边缘上 Al^{3+} 离子之间的静电吸力，大分子链节上的 OH^- 和土粒面上的氧形成氢键，大分子的分子间力等，使 CMC 能吸附在黏土颗粒上形成水化层，同时增大黏土颗粒的 ζ 电势；细黏土颗粒还能与大分子部分黏结，参与网架结构的形成，避免土粒接触（护胶作用），从而大大提高了黏土颗粒（特别是聚结趋势大的细黏土颗粒）的聚结稳定性（图 4-36），有利于保持和提高细黏土颗粒的含量，形成致密的滤饼，降低失水。具有高黏度和弹性的吸附水化层的堵孔作用和 Na-CMC 溶液的高黏度都起降失水的作用。

CMC 被吸附在黏土颗粒的断键边缘上，增加了电动电位，增进了黏土颗粒间的排斥。电解质降低的电动电位能被 CMC 的吸附而重新提高，吸附 CMC 的数量取决于黏土的离子交换容量、电解质浓度以及 CMC 的聚合度与醚化度。红外光谱显示土粒与 CMC 之间没有化学结合。

3）钻井液受侵

（1）钙侵。

①钻井液受钙侵后钻井液性能变化规律。

钻井液钙侵分为硫酸钙侵与水泥侵两种，受侵后二者性能变化的共同点是：如图 4-37 所示，失水量上升，黏度上升，切力增大，滤饼增厚，同时流变性也发生变化。其中，二者性能变化的不同点是：硫酸钙镁时钻井液体系 pH 值下降，而水泥侵时 pH 值上升。

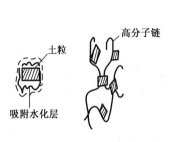

图 4-36　Na-CMC 与土粒的吸附方式

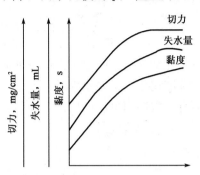

图 4-37　钙侵后钻井液性能变化

②钙侵现象。

a. 硫酸钙侵。

钻井液体系 pH 值下降，化学分析可看出体系中 Ca^{2+}、SO_4^{2-} 含量增加。

b. 水泥侵现象。

钻井液体系 pH 值升高，化学分析可发现体系中 Ca^{2+} 含量增加，而 SO_4^{2-} 含量基本不变。

c. 钙侵机理。

按照离子交换吸附的原理，由石膏或水泥提供的二价钙离子要置换吸附在黏土表面上的一价钠离子，使钠质黏土转变为钙质黏土。钙离子是二价的，它和黏土表面的吸附力量大于一价的钠离子，难于被呈极性的水分子"拉跑"，即不容易解离，因此，当钠质黏土转变为钙质黏土后，ζ 电势减小，如图 4-38 所示。

黏土颗粒 ζ 电势的变小，使得阻止黏土颗粒聚结合并的斥力减小，聚结—分散平衡即向着有利于聚结的方向变化。这样，钻井液中黏土颗粒变粗，网状结构加强并加大（图 4-39），致使钻井液的失水量、黏度、切力增大。

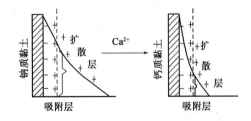

图 4-38　钙离子对黏土胶粒 ζ 电势的影响　　图 4-39　平衡朝聚结方向变化而网状结构加强

钠质土转变为钙质土后，另一个变化是黏土颗粒的水化程度降低，水化膜变薄。黏土水化程度的这种改变，也是使钻井液受钙侵后失水量增大，滤饼增厚，容易聚结合并、颗粒变粗、形成网状结构，使黏度急剧上升的一个原因。

（2）钠侵。

①钻井液受钠侵后钻井液性能变化规律。

为了弄清这个问题，需要做一组系统试验，在钻井液中加入不同数量的盐，以观察钻井液性能变化。表4-3与图4-40列出了用河北峰峰土配成的淡水钻井液加入不同量 NaCl 后钻井液性能的变化。

表4-3　钻井液性能的变化

项　　　目	相对密度	黏度 s	失水量 cm^3	切力（初切/终切）mg/cm^2	pH 值
原浆用 NaT（2:1.2浓度）5%处理	1.23	23	10	0/10	10
固体 NaCl 1%	1.23	31	14	18/30	9.5
固体 NaCl 2%	1.23	52	22	65/70	9.5
固体 NaCl 3%	1.23	65	28	70/70	9.5
固体 NaCl 4%	1.18	58	32	60/85	9
固体 NaCl 5%	1.18	39	32	55/55	9
固体 NaCl 6%	1.18	34	38	40/45	9
固体 NaCl 7%	1.20	31	36	40/40	8.5
固体 NaCl 8%	1.20	25	39	30/30	8.5

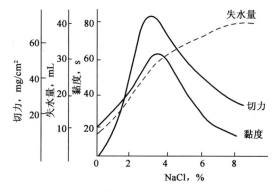

图4-40　淡水钻井液加入 NaCl 后的性能变化

从表4-3和图4-40可以看出：

a. NaCl 含量小于1%时，黏度、切力和失水量的变化不大。

b. NaCl 含量大于1%时，黏度、切力和失水量随含盐量增大而迅速上升，当含盐量达到某个数值（依配浆土的性质而异，这里是3%）时，黏度、切力达到最大值。

c. 当 NaCl 含量超过某个数值（这里是3%）后，黏度、切力随含盐量的增加而下降，失水量则继续增大。

d. pH 值一直随 NaCl 含量的增加而逐渐下降。

②盐水侵现象。

钻井中遇高压盐水层时，如钻井液性能不好且处理不及时，容易引起井下复杂情况，对此要有足够的重视。

钻井液受盐水侵的现象有：

a. 盐水侵入不多时黏度、切力突然增大。

b. 滤液中氯根含量增加，有泡沫。

c. 失水量增大，滤饼增厚。

d. pH 值降低。

e. 当盐水已较大量地侵入时，钻井液黏度下降，相对密度减小，钻井液池液面显著上涨，井口外溢，甚至发生轻度井喷。

③钠侵机理。

对于钻井液性能的上述这些变化，可作如下理解：随着 NaCl 加入量的增大，钻井液中 Na$^+$ 越来越多，这样就增加了黏土胶粒扩散双电层中阳离子的数目，使扩散层的厚度减小，即所谓的"压缩"了双电层。于是黏土胶粒的 ζ 电势降低（图 4 - 41）。在这种情况下，黏土颗粒之间的电性斥力减小，钻井液体系从细分散向粗分散转变，水化膜变薄；由于黏土胶粒的热运动互相碰撞聚结合并的趋势增强，黏土颗粒之间形成絮凝结构，黏度、切力和失水量均上升。随着 NaCl 加入量的增大，"压缩"双电层的现象更加严重，黏土颗粒的水化膜变得更薄，尺寸变得更大，于是出现黏土颗粒在分散度上的明显降低，致使黏度、切力转而下降，失水量则继续上升。

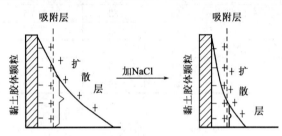

图 4 - 41　NaCl 对黏土胶粒 ζ 电势的影响

上述试验中，pH 值的变化原因是由于加盐后钠离子从黏土中把氢离子和其他酸性离子交换出去的结果。

三、实验装置及设备

1. 仪器

该实验仪器包括六速旋转黏度计（或其类型他黏度计），六联失水仪，密度秤，漏斗黏度计，含砂量测定仪，固相含量测定仪，切力计，电动搅拌器，天平等。

2. 用品

该实验用品包括秒表、试样杯、食盐、水泥、石膏、铁铬盐（Fcls）、磺化丹宁（SMT）、磺化酚醛树脂（SMP）、钠羧甲基纤维素（Na - CMC）、磺化栲胶（SMK）以及磺化褐煤（SMC）。

四、实验方法及步骤

（1）取配制好的钻井液。

（2）测试钻井液常规性能（测定性能及测定方法见第二章第一节中的一、二、三、四）。

（3）称量一定量的污染剂加入钻井液中。

（4）测量污染后钻井液性能（测定性能及测定方法见第二章第一节中的一、二、三、四）。

（5）选取有机处理剂对污染后的钻井液进行处理（要求根据实验原理中介绍的有机处理剂知识，从实验室提供的有机处理剂中选择合适的处理剂，恢复污染的钻井液性能）。

五、实验数据处理

（1）记录实验数据并列表。

（2）根据相关有机处理剂的作用原理及钻井液受侵机理综合分析钻井液污染及处理前、

后的性能变化原因。

（3）在同一张坐标纸上绘制污染后流体、污染前流体及最终处理后流体的实际流变曲线并指出它们各属何种流体。

六、实验要求

（1）了解和掌握钠侵、钙侵对钻井液性能影响的规律及原理；了解钻井液处理剂种类及作用原理

（2）利用所给设备及处理剂设计一个实验方案。

（3）实验方案内容：验证污染程度，恢复钻井液性能。

（4）设计一个钻井液污染及处理实验方案（钙侵、钠侵二者选一）。要求：方案中应体现钻井液性能测试项目；体现具体的实验步骤；处理剂选择、处理具体步骤及处理目的。

（5）实验方案交给老师审查。

（6）方案通过后，在实验室内实现自己的方案。

第四节　驱替过程中流体特征参数测定

一、实验目的

（1）掌握水驱油实验所用仪器、设备的性能与操作方法。

（2）掌握如何利用油田生产数据计算流体特征参数并进行开发指标预测。

二、实验原理

该实验是以一维水驱油理论为基本点，利用外部注水进行驱油。在水驱油过程中，水、油饱和度在多孔介质中的分布是距离与时间的函数，这个过程称为非稳定过程。水驱油可以采用恒速度或恒压差，在岩样出口端记录每种流体的产量与岩样两端的压力差或速度随时间的变化，计算驱替过程中流体特征参数。

在恒速法水驱油实验中，按式（4-54）确定注水速度：

$$L\mu_w v_w \geqslant 1 \tag{4-54}$$

式中　L——岩样长度，cm；

μ_w——注入水黏度，mPa·s；

v_w——渗流速度，cm/min。

在恒压法水驱油实验中，按式（4-55）确定注水速差。

恒压法按 $\pi_1 \leqslant 0.6$ 确定初始驱动压差 Δp_0：

$$\pi_1 = \frac{10^{-3}\sigma_{ow}}{\sqrt{\dfrac{K_a}{\phi}}\Delta p_0} \tag{4-55}$$

式中　π_1——驱动压差与毛管压差之比；

σ_{ow}——油、水界面张力，mN/m；

K_a——岩样的空气渗透率，μm^2；

ϕ——岩样的孔隙度，%；

Δp_0——初始驱动压差，MPa。

三、实验装置及设备

该实验流程如图 4-42 所示，主要包括岩心夹持器、恒压恒速泵、恒温箱、压力表、压力传感器、手动计量泵、活塞容器、真空泵以及电子天平等。

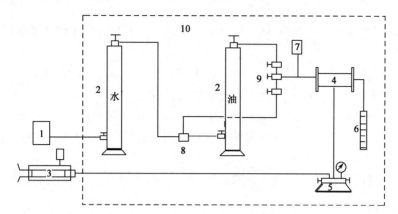

图 4-42　水驱油实验流程示意图

1—恒压恒速泵；2—活塞容器；3—手动计量泵；4—岩心夹持器；5—六通阀门座；
6—试管；7—压力传感器；8—三通；9—阀门；10—恒温箱

(1) 恒压恒速泵：用于向岩心中注油、注水。

(2) 活塞容器：盛装实验用油和水。

(3) 手动计量泵：用于岩心夹持器加环压。

(4) 岩心夹持器：放置岩心，并使岩心保持密封。

(5) 试管：计量油水体积。

(6) 压力传感器：测量注油、注水的压力。

(7) 阀门：控制注水和注油。

(8) 恒温箱：加热，使油、水、岩心等保持在实验温度。

(9) 电子天平：测量岩心质量。

(10) 压力表：测量显示岩心夹持器的环压。

(11) 真空泵：用于抽真空，使岩心饱和水。

四、实验方法及步骤

1. 实验准备

(1) 模拟油配制：将脱气原油脱水、过滤，按一定比例加入煤油，充分搅拌后，测量模拟油黏度。一般模拟油黏度与地层油黏度一致。

实验用水配制：采用按地层水离子组成与矿化度配制，或用标准盐水。

标准盐水配方：$NaCl : CaCl_2 : MgCl_2 \cdot 6H_2O = 7 : 0.6 : 0.4$。

(2) 将抽提、烘干后的岩心称重，并测量岩心的长度、直径；然后利用真空泵抽空，使岩心饱和实验用水，称重，按式（4-56）、式（4-57）计算有效孔隙体积和孔隙度。

$$V_p = \frac{m_1 - m_0}{\rho_w} \qquad (4-56)$$

$$\phi = \frac{V_p}{V_t} \qquad (4-57)$$

式中 m_0——干岩样质量，g；

m_1——岩样饱和模拟地层水后的质量，g；

ρ_w——饱和岩样的模拟地层水密度，g/cm³；

V_p——岩样有效孔隙体积，cm³；

V_t——岩样总体积，cm³；

ϕ——岩样孔隙度，%。

（3）将饱和水的岩心装入岩心夹持器内，加上环压，在一定流量下向岩心中注水。当水流动达到稳定（注入压力不变）后，计量注入水流量和压差，用达西公式计算岩石的绝对渗透率：

$$K = \frac{Q\mu L}{10A\Delta p} \tag{4-58}$$

式中 Q——注入水流量，cm³/s；

Δp——岩心两端的压差，MPa；

其余参数同前。

2. 实验测定

（1）打开恒温箱，使系统控制在实验温度。

（2）向岩心内注入模拟油，进行油驱水，驱到出口端没有水出现后，继续驱 3PV 以上，测定驱出水量，计算束缚水饱和度 S_{wc}。

（3）以一定流量向岩心内注入水，进行水驱油实验，直至驱到出口端没有油出现为止。在此过程中，记录不同时间的产水量、产油量、压力以及见水时间、见水时的累积产油量（记录数据时，根据出油、出水量的多少选择时间间隔，随出油量的不断下降，逐渐加长记录的时间间隔，以保证可以准确读出水、油的体积）。

（4）当含水率达到 100% 时，在残余油饱和度下测量水相相对渗透率，即水相端点渗透率 K_{rw}^0。

五、实验数据处理

1. 水驱油实验数据记录

水驱油实验数据记录于表 4-4 中。

表 4-4 水驱油实验数据记录表

岩心长度_____ cm；岩心直径_____ cm；孔隙度_____%；渗透率_____ μm²；

实验温度_____℃；油黏度_____ mPa·s；水黏度_____ mPa·s；束缚水饱和度_____%；

注入速度_____ cm³/s

序 号	时间 min	累积注水量 cm³	压力 MPa	产水量 cm³	产油量 cm³	累积产水量 cm³	累积产油量 cm³

2. 实验数据处理

1）油水相对渗透率的计算

当岩石孔隙中存在多相流体时，岩石让其中某一种流体通过的能力称为该相流体的有效渗透率，它既与岩石孔隙结构有关，又取决于流体饱和度及其在孔隙中的分布。由于多相流体同时流动时彼此间相互干扰，产生了多种毛管效应，增加了流动阻力，因而各相流体的有效渗透率之和小于岩石的绝对渗透率。有效渗透率与绝对渗透率之比称为相对渗透率。在水驱油中，油、水相对渗透率的计算方法为：

$$K_{ro} = f_o \frac{d\left(\frac{1}{Q}\right)}{d\left(\frac{1}{IQ}\right)} \qquad (4-59)$$

$$K_{rw} = K_{ro} \frac{\mu_w}{\mu_o} \cdot \frac{f_w}{f_o} \qquad (4-60)$$

$$S_{we} = S_{wi} + Q_o - f_o Q \qquad (4-61)$$

式中　K_{rw}、K_{ro}——水和油相的相对渗透率；

μ_w、μ_o——水和油的黏度，mPa·s，其中，水黏度根据温度由图 4-43 查出，油的黏度利用黏度计测定；

Δp——岩样两端的压差，MPa；

Q——无因次累积注水量（$Q = Q_t/V_p$，Q_t 为累积注水量，V_p 为岩石孔隙体积）；

Q_o——无因次累积产油量（$Q_o = V_o/V_p$，V_o 为累积产油量）；

f_o、f_w——岩心出口端的含油率、含水率；

S_{we}、S_{wi}——岩心出口端水饱和度与初始水饱和度；

I——流动能力。

恒速实验时：

$$I = \frac{\Delta p_0}{\Delta p} \qquad (4-62)$$

恒压实验时：

$$I = \frac{q_{(t)}}{q_0} \qquad (4-63)$$

式中　Δp_0——注入水刚进入岩心时的压差，MPa；

q_0——初始注入速度，cm^3/s；

$q_{(t)}$——t 时刻注入速度，cm^3/s。

2）水驱规律的计算

在半对数坐标中，根据累积产油 N_p、累积产水 W_p 绘制水驱规律曲线，由此预测产水量、含水率与采收率。

$$N_p = a(\lg W_p - \lg b) \qquad (4-64)$$

式中　a、b——经验常数，与油田开发效果有关，通过 N_p-W_p 曲线确定。

采油速度

$$q_o = \frac{a}{2.3026} \cdot \frac{1}{W_p} \cdot \frac{d(W_p)}{dt} \qquad (4-65)$$

水油比

$$WOR = \frac{q_w}{q_o} = \frac{2.3026 W_p}{a} \qquad (4-66)$$

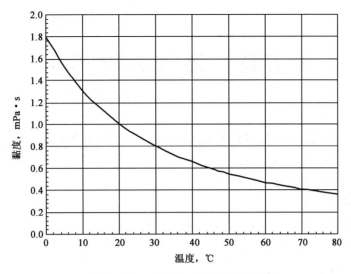

图 4 - 43 水黏度—温度关系曲线

含水率
$$f_w = \frac{2.3026 W_p}{a + 2.3026}$$
(4 - 67)

在半对数坐标上绘制产油量与时间关系曲线，计算油藏的递减率：

$$D = \frac{\ln(q_i/q_t)}{t - t_i}$$
(4 - 68)

式中 q_i——开始递减时的产油量；

q_t—— t 时刻的产油量。

六、实验要求

（1）实验前必须熟悉仪器的性能指标，仔细阅读仪器说明书、指导书，熟练掌握仪器的使用操作方法。

（2）实验中需要掌握油层物理、石油工程、提高原油采收率原理等相关知识。

（3）学生要具有相关的专业基础知识，掌握基本的实验操作技能，动手能力要强，能熟练使用实验仪器与设备。

第五章　渗流力学实验

第一节　不可压缩液体的单向稳定渗流

一、实验目的

（1）验证不可压缩流体单向稳定渗流时的压力分布规律。

（2）测定孔隙介质的渗透率。

（3）验证压降与渗流面积的关系。

二、实验原理

当不可压缩液体在水平的砂样中按照达西直线定律做单向稳定渗流时，流量与压降成正比，压力分布为一条直线。

流量的计算公式为：

$$q = \frac{KA\Delta p}{\mu L} \tag{5-1}$$

渗透率的计算公式为：

$$K = \frac{q\mu L}{A\Delta p} \tag{5-2}$$

式中　q——流量，m^3/s；

　　　A——砂层的横截面积，m^2；

　　　K——渗透率，m^2；

　　　Δp——两个渗流截面的折算压差，Pa；

　　　μ——液体的黏度，$Pa \cdot s$；

　　　L——两个横截面积的距离，m。

三、实验装置及设备

实验装置如图 5-1 所示，它主要由测压管、下口瓶、进口螺丝夹和模型等组成，其中，$d_1 = 0.05m$，$d_2 = 0.02cm$。

四、实验方法及步骤

（1）检查各测压管的液面是否在同一水平面。

（2）稍微打开出口螺丝夹，等渗滤稳定（10～15min）后，观察压力分布曲线以及渗流面积与压差之间的关系，记录各测压管的液面高度，用量筒及秒表测量液体的流量。

（3）再微开出口螺丝夹，重复步骤（2），在不同流量下测量 3 次。

（4）关闭出口螺丝夹，使装置恢复原状。

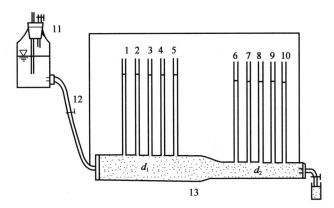

图 5-1　单相稳定渗流装置示意图

1~10—测压管；11—下口瓶；12—出口螺丝夹；13—模型

五、实验数据处理

记录的数据填入表 5-1 中；求模型不同渗流面积的渗透率及不同截面条件下的平均渗透率，数据填入表 5-2 中。

表 5-1　实验数据记录表（一）　　　第　套

序　号	测压管高度，10^{-2}m										体积	时间
	1	2	3	4	5	6	7	8	9	10	10^{-6}m^3	s
1												
2												
3												

表 5-2　实验数据处理表（二）

序　号	流量 m^3/s	$\Delta p_1 = p_1 - p_5$ Pa	$\Delta p_2 = p_6 - p_{10}$ Pa	K, m^2	
				K_1	K_2
1					
2					
3					

六、实验要求

（1）有一组数据的处理过程。

（2）在直角坐标中分别绘制压力分布曲线与指示曲线。

（3）掌握单向稳定渗流的压力分布特点。

第二节　不可压缩液体的平面径向稳定渗流

一、实验目的

（1）验证不可压缩液体按线性定律做平面径向稳定渗流时的压力分布规律以及产量与压降的关系。

（2）绘制产量与压降的关系曲线及压力分布曲线。

（3）测定孔隙介质的渗透率。

二、实验原理

当不可压缩液体在水平等厚的均质地层中做平面径向稳定渗流时，流量与压降成正比，压力分布曲线为一条对数型曲线。

在扇形地层中，流量的计算公式为：

$$q = \frac{2\pi K h \Delta p}{\frac{360}{\alpha} \mu \ln \frac{R_8}{R_1}} \tag{5-3}$$

渗透率的计算公式为：

$$K = \frac{\frac{360}{\alpha} q \mu \ln \frac{R_8}{R_1}}{2\pi h \Delta p} \tag{5-4}$$

式中　q——流量，m^3/s；

　　　μ——液体黏度，$Pa \cdot s$；

　　　K——渗透率，m^2；

　　　h——地层厚度，m；

　　　Δp——测压孔 8 与测压孔 1 间的压差，Pa；

　　　α——扇形中心角，$(°)$；

　　　R_8——测压孔 8 距中心的距离，m；

　　　R_1——测压孔 1 距中心的距离，m。

三、实验装置及设备

本实验装置如图 5-2 所示，它主要由测压孔、下口瓶、模型、测压管以及出口螺丝夹等组成。

有关固定数据：$\alpha=30°$，$h=0.018m$，各测压管距中心距离：$R_1=0.05m$，$R_2=0.1m$，$R_3=0.15m$，$R_4=0.20m$，$R_5=0.25m$，$R_6=0.40m$，$R_7=0.55m$，$R_8=0.75m$。

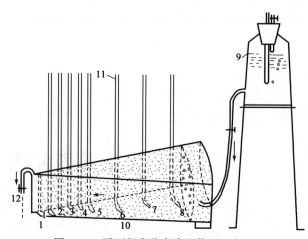

图 5-2　平面径向稳定渗流装置示意图

1~8—测压孔；9—下口瓶；10—模型；11—测压管；12—出口螺丝夹

四、实验方法及步骤

（1）检查各测压管内液体是否在同一水平面上。

（2）稍微打开出口螺丝夹，等渗流稳定后记录各测压管的高度，同时用量筒与秒表测量液体的流量。

（3）再微开出口螺丝夹，重复步骤（2），在不同流量下测量3次。

（4）关闭出口螺丝夹，将装置恢复原状。

五、实验数据处理

将所测的实验数据记录到表5-3中，求模型的渗透率及平均渗透率并填入5-4表中。

表5-3　实验数据记录表（三）　　　　　第　　套

序　号	测压管高度，10^{-2}m								体积 10^{-6}m³	时间 s
	1	2	3	4	5	6	7	8		
1										
2										
3										

表5-4　实验数据处理表（四）

序　号	流量 m³/s	Δp Pa	K m²
1			
2			
3			

六、实验要求

（1）要求有一组数据处理过程。

（2）在直角坐标中分别绘制压力分布曲线与指示曲线。

（3）掌握平面径向稳定渗流的压力分布特点。

第三节　单相液体不稳定渗流的压力分布

一、实验目的

（1）观察地层中心一口井生产时形成的压降漏斗形状特征，与理论上压降漏斗形状特征进行对比。

（2）测绘地层中心处或边缘上一口井生产时的压降曲线（压力未传至供给边缘处）或压力恢复曲线。

（3）通过不稳定试井确定水力积分仪参数。

二、实验原理

1. 压降法

对于实际地层来说，当井以某一产量进行生产时，井底压力将不断下降。利用仪器测量各时间的压力值，经整理后，就可利用它来确定地层的各种参数。

$$p_{wf(t)} = p_i - 0.183 \frac{q\mu}{Kh} \lg \frac{2.25\eta t}{r_w^2} \qquad (5-5)$$

式中　$p_{wf(t)}$——井投产 t 时间后的井底压力，Pa；

p_i——原始地层压力，Pa；

q——井的产量，$\mathrm{m^3/s}$；

μ——液体的黏度，Pa·s；

K——地层渗透率，$\mathrm{m^2}$；

h——地层厚度，m；

η——地层导压系数，$\mathrm{m^2 \cdot Pa/ (Pa \cdot s)}$；

t——井的生产时间，s；

r_w——井的半径，m。

2. 压力恢复法

某一油井在 t 时间内以定产量稳定生产后关井，利用仪器测量各时间的压力值，经整理后，就可利用它来确定地层的各种参数。

$$p_{ws(\Delta t)} = p_i + 0.183 \frac{q\mu}{Kh} \lg \frac{\Delta t}{t + \Delta t} \qquad (5-6)$$

式中　$p_{ws(\Delta t)}$——关井 Δt 时间的井底压力，Pa；

Δt——关井时间，s；

t——从投产到关井的时间，s。

$$p_{ws(\Delta t)} = p_{wf(\Delta t=0)} + 0.183 \frac{q\mu}{Kh} \lg \frac{2.25\eta t}{r_w^2} \qquad (5-7)$$

式中　$p_{wf(\Delta t=0)}$——流压，Pa；

t——关井时间，s。

3. 水力积分仪模拟地层公式

压降法：

$$p'_{wf(t')} = p'_i - 0.183q'R \lg \frac{2.25t'}{RA} \left(\frac{\Delta L}{r_w}\right)^2 \qquad (5-8)$$

式中　$p'_{wf(t')}$——井投产 t' 时间后的井底压力，Pa；

p'_i——原始地层压力，Pa；

q'——井的产量，$\mathrm{m^3/s}$；

R——水力积分仪的阻力，$\mathrm{Pa \cdot s/ (m^3)}$；

t'——投产时间，s；

A——计量管的横截面积，$\mathrm{m^2}$；

ΔL——地层单元长度，m；

r_w——模拟井的半径，m。

压力恢复法：

$$p'_{ws(\Delta t')} = p'_i + 0.183q'R\lg\frac{\Delta t'}{t' + \Delta t'} \qquad (5-9)$$

式中 $p'_{ws(\Delta t')}$——关井 $\Delta t'$ 时间的井底压力，Pa；

  t'——从投产到关井的时间，s；

  $\Delta t'$——关井时间，s。

$$p'_{ws(\Delta t')} = p'_{wf(\Delta t'=0)} + 0.183q'R\lg\frac{2.25\Delta t'}{RA}\left(\frac{\Delta L}{r_w}\right)^2 \qquad (5-10)$$

式中 $p'_{wf(\Delta t'=0)}$——关井时的井底压力，Pa；

  t'——关井时间，s。

三、实验装置及设备

水力积分仪是模拟地层中液体不稳定渗流的实验装置。

水力积分仪上装有储液管（起测压管的作用）与毛细管，储液管中的蒸馏水即用来模拟弹性储量，测量单元的压力，蒸馏水在水力积分仪中流动模拟地层中的弹性流，蒸馏水流过毛细管的阻力模拟地层的渗流阻力。根据所模拟的地层，水力积分仪装有不同数量的毛细管与测压管，其中有一根管被用来作为模拟井。水力积分仪俯视结构如图 5-3 所示。

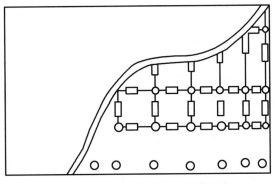

图 5-3 水力积分仪仰视结构图

实验准备完成后，开始开井或者关井，这时可测得开井或者关井时随时间变化的井底压力，并用流量计测得流量。在整个过程中，可直接观察到地层中压力传播及其分布，可同时利用所得的数据进行试井分析与参数计算。

四、实验方法及步骤

实验分开井（压降）和关井（压力恢复）两组。

1. 开井组

（1）开井前一定将装置底面通向水箱各处的止水夹关闭，并将井筒的原始液面高度记录于表 5-5 中。

（2）一人开井，一人报时，一人读测压管液面高度，其他同学记录数据。

（3）开井同时打开秒表按表时间进行报时，读出此时的测压管液面高度，其他同学记录。一定要做好报时、读数、记录工作，不得有误。

（4）记录同学用铅笔在半对数坐标纸中绘制出与时间的半对数曲线。

2. 关井组

（1）在上一组继续开井的情况下进行关井，首先读出并记录关井前井底的液面高度。

（2）其他操作同开井组。

（3）测出并记录总产液量及总生产时间，要求准确，这是决定实验精度的关键。

五、实验数据处理

（1）开井组求斜率 m、阻力 R 及 $\Delta L/r_w$。

（2）关井组用精简法求斜率 m、阻力 R 及 $\Delta L/r_w$。

表 5-5　单相不稳定渗流压力分布实验数据表

时　间	压力，Pa	时　间	压力，Pa
6″		5′	
10″		6′	
15″		7′	
20″		8′	
25″		9′	
30″		11′	
35″		13′	
40″		15′	
50″		18′	
1′		21′	
1′20″		24′	
1′40″		27′	
2′		30′	
2′30″		35′	
3′		40′	
4′		50′	

H_i _____ Pa；蒸馏水体积（V）_____ m^3；$H_{wf(\Delta t'=0)}$ _____ Pa；t _____ s

六、实验要求

（1）在半对数坐标纸中绘制压力与时间的关系曲线。

（2）在直角坐标中绘制压力与时间的关系曲线。

（3）掌握单相流体不稳定渗流在装置中的传播过程。

第四节　应用微波测岩心模型含水饱和度分布

一、实验目的

（1）会应用标准线绘制含水饱和度的分布曲线。

（2）用微波衰减法测量岩心模型中水驱油时的含水饱和度。

二、实验原理

应用微波衰减法测量岩心模型（以下简称模型）水驱油时含水饱和度分布的模拟实验是近年来才出现的新技术，它是利用微波在均匀介质中传播时，其功率随传播的路程 L 成指数衰减，即

$$P = P_o e^{-2\beta L} \qquad (5-11)$$

式中　P——接收功率，W；

　　　P_o——入射功率，W；

　　　β——介质衰减常数；

　　　L——传播路程，m。

在实验中，介质是模型里的水、油、石英砂、空气及组成该模型的物质。在它们当中，只有水是极性分子，因此，微波通过水时，大部分被水强烈吸收，而只有很小一部分功率被石英砂等吸收。对于同一块模型，每次吸收量基本一样，当模型中的含水饱和度不同时，吸收的功率也不同，而含油量多少对微波功率的影响常常可忽略。这样，通过模型后的微波功率衰减量由两部分组成：水及石英砂、模型构成物。式（5-11）可写成：

$$P = P_o e^{-2\beta(d+h)} \qquad (5-12)$$

式中　d——模型厚度，m；

　　　h——孔隙折合厚度，m。

h 与模型的孔隙度 ϕ、含水饱和度 S_w、厚度 H 有关。

由式（5-11）可知模型未灌水前（干模型），微波通过它的衰减功率为：

$$P_{\mp} = P_o e^{-2\beta d} \qquad (5-13)$$

在不同含水饱和度条件下，微波通过模型测得功率与干模型测得的功率相比，即式（5-13）/式（5-12）得：

$$P_{\mp}/P = e^{2\beta h} \qquad (5-14)$$

将式（5-14）两边取对数并乘以10，得：

$$10\lg (P_{\mp}/P) = CS_w \qquad (5-15)$$

式（5-15）左边单位是"分贝"，对于一块匀质模型 C 值是一个常数，不同模型 C 值不同，可计算得到，因而微波衰减功率只与 S_w 成线性关系。基于此原理，便可应用微波衰减法测量岩心模型含水饱和度。

三、实验装置及设备

微波测模型含水饱和度装置主要有厘米微波信号发生器、隔离器、直波导、衰减器、调配器、发射喇叭、模型、接收喇叭、波导探头以及微瓦功率计等，如图5-4所示。

四、实验方法及步骤

（1）将微波信号发生器预热 30min，并核对调试微波机发射的基数功率值。

（2）进行水驱油试验，开动输液泵使输液管吸满蒸馏水，到有液滴连续排出后使管内无气时停泵。然后把造好束缚水的模型入口端也灌满蒸馏水后，接上输液管的一端（此步严防模型的入口进气），输液管另一端放到量筒里，再开动输液泵进行水驱油。

（3）当模型出口被驱出一定量模拟油时，停泵、停表，用止水夹把模型入口端管夹紧。

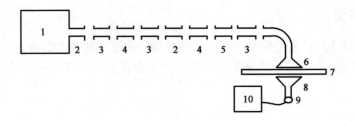

图 5-4　微波测模型含水饱和度装置示意图

1—厘米微波信号发生器；2—隔离器；3—直波导；4—衰减器；5—调配器；

6—发射喇叭；7—模型；8—接收喇叭；9—波导探头；10—微瓦功率计

（4）将模型放入装置，用微波发射喇叭按预先在模型上做好的标记逐点扫描，重复测 2 次，从微瓦功率计上读出每次测得的功率值，填入表 5-6 中。

表 5-6　应用微波测岩心模型含水饱和度分布实验数据记录表

序号	距离 10^{-2} m	$P_干$ 10^{-6} W	P_1 10^{-6} W	P_2 10^{-6} W	P 10^{-6} W	$10\lg(P_干/P)$	S_w %
1							
2							
3							
4							
5							
6							
7							
8							
9							
10							
11							
12							
13							
14							
15							
16							
17							
18							
19							
20							
21							
22							

干模型重：_____ g；　饱和水重：_____ g；　油驱水：_____ m³；　模型体积：_____ m³

五、实验数据处理

（1）求出模型每一点的含水饱和度。
（2）求出模型的孔隙度、束缚水饱和度。

六、实验要求

（1）在直角坐标纸中绘出标准线与含水饱和度分布曲线。
（2）分析实验测得的含水饱和度曲线与理论曲线存在差异的原因。
（3）掌握油水两相渗流是非活塞驱油时的影响因素。

第六章　工程流体力学实验

第一节　流体静力学实验

一、实验目的

本实验包括验证不可压缩流体静力学基本方程；测定流体密度；掌握流体静压传递原理；掌握变液位下恒定流原理等实验内容。

（1）训练掌握用测压管测量流体静压力的技术。

（2）验证不可压缩流体静力学基本方程。

（3）测定测压管内油品密度。

（4）通过实验掌握静压传递原理。

（5）通过实验掌握变液位下恒定流原理。

（6）通过对诸多流体静力学现象的实验分析研究，进一步提高解决流体静力学实际问题的能力。

二、实验原理

1. 求测点压力

$$p = p_0 + \rho g h \tag{6-1}$$

式中　p——被测点的静水压力，用相对压力表示（以下同），Pa；

　　　p_0——水箱中水面的表面压力，Pa；

　　　ρ——液体密度，g/cm^3；

　　　h——被测点的液体深度，cm。

2. 测定某液体密度

利用本装置，在不用附带其他读尺的情况下，测定某种液体——油的密度。

U形管内装有两种液体：一种是与水箱内相同的水，第二种是待测密度的油。设其密度分别为ρ_w、ρ_o，先使水箱加压，并使 U 形管内水面与油水交界面处于同一水平面上，如图 6-1 所示。

从测压管标尺上读取 h_1，有：

$$p_{01} = \rho_w g h_1 = \rho_o g H \tag{6-2}$$

然后使水箱减压，并使 U 形管中水面与油面处于同一水平面上，如图 6-2 所示。

从测压管标尺中读取 h_2，又有：

$$p_{02} = -\rho_w g h_2 = \rho_o g H - \rho_w g H \tag{6-3}$$

由式（6-2）与式（6-3）两式联立求解可得：

$$H = h_1 + h_2 \tag{6-4}$$

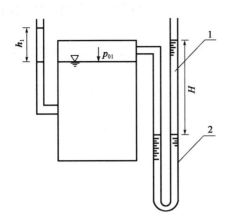

图 6-1 水箱加压操作示意图

1—油柱；2—水柱

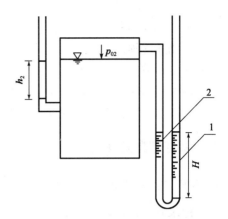

图 6-2 水箱减压操作示意图

1—油柱；2—水柱

即

$$\rho_{\mathrm{o}} = \frac{h_1}{h_1 + h_2}\rho_{\mathrm{w}} \qquad (6-5)$$

3. 静力学基本方程式

$$Z_{\mathrm{C}} + \frac{p_{\mathrm{C}}}{\rho g} = Z_{\mathrm{D}} + \frac{p_{\mathrm{D}}}{\rho g} \qquad (6-6)$$

式中　Z_{C}、Z_{D}——C 点、D 点的位置水头，cm；

　　　　$\dfrac{p}{\rho g}$——被测点的压力水头，cm。

三、实验装置及设备

流体静力学实验装置如图 6-3 所示。

四、实验方法及步骤

（1）记录 B、C、D 各点的标尺读数∇_B、∇_C、∇_D。

（2）关闭截止阀，打开通气阀，记录水箱液面标尺读数，即此状态下带标尺测压管的液面标尺读数∇_0。然后关闭通气阀，捏动打气球向箱内慢慢打气加压，再调节放气螺母使水箱内 $p_0 > 0$，且使 U 形管中水面与油水交界面齐平，这时记录带标尺测压管的液面标尺读数∇_h。注意：当加压较快时，压力稳定有一段时间过程，须稳定后才可读数。重复做 3 次，数据分别记入表 6-1 及表 6-2 中。

（3）打开通气阀，记录水箱液面标尺读数∇_0后，关闭通气阀。然后打开减压放水阀，使水箱内

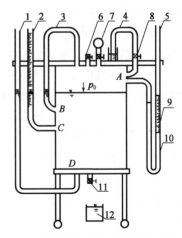

图 6-3 流体静力学实验装置示意图

1—测压管；2—带标尺测压管；3—连通管；4—等压传递测压管；5—U 形测压管；6—通气阀；7—加压打气球（带放气螺母）；8—截止阀；9—油柱；10—水柱；11—减压放水阀；12—减压接水杯

减压至 $p_0 < 0$ 且使 U 形管中水面与油面齐平。同样记下测压管液面读数。重复测 3 次，数据分别记入表 6-1 及表 6-2 中。

(4) 关闭通气阀，然后捏动气球向水箱内慢慢打气加压，测定等压传递测压管插入小水杯水中的深度，数据记入表 6-2 中。

(5) 调整压力使 $p_B < 0$ 时，记下水箱液面与测压管液面读数，数据记入表 6-2 中。

(6) 利用实验装置学习掌握变液位下恒定流原理。

五、实验数据处理

1. 实验成果及要求

(1) 记录有关常数。

实验台号：No. _____。

各测点的标尺读数为：$\nabla_B =$ _____；$\nabla_C =$ _____；$\nabla_D =$ _____。$\rho_w =$ _____。

(2) 求出油的密度。

(3) 分别求出各次测量时 A、B、C、D 各点的压力，并选择一个基准面验证同一静止液体内的任意两点 C、D 的 $Z + \dfrac{p}{\rho g}$ 为常数，填入表 6-1、表 6-2 中。

(4) 测出等压传递测压管插入小水杯水中的深度。

2. 实验分析与讨论

(1) 同一静止液体内的测压管水头线是一根什么线？

(2) 当 $p_B < 0$ 时，试根据记录的数据确定水箱内的真空区域。

(3) 若再备一根直尺，试用另外最简便的方法测定 ρ_0。

(4) 若测压管太细，对测压管液面的读数将有何影响？

(5) 过 C 点做一水平面，相对于管 1、管 2、管 5 及水箱内液体而言，这个水平面是不是等压面？哪一部分液体是同一等压面？

(6) 用图 6-1 装置演示变液位下的恒定流实验原理是什么？

(7) 该仪器在加气增压后，水箱液面将下降，而测压管液面将升高 H。实验时，若以 $p_0 = 0$ 时的水面液面作为测量基准，试分析加气增压后实际压力（$H + \sigma$）与视在压力 H 的相对误差值。本仪器测压管内径为 0.8cm，箱体内径为 20cm。

表 6-1　油密度测量数据记录及计算表格　　　　　　　　　　cm

条　件	次数	水箱液面标尺读数 ∇_0	测压管液面标尺读数 ∇_h	$h_1 = \nabla_h - \nabla_0$	$\overline{h}_1$	$h_2 = \nabla_0 - \nabla_h$	$\overline{h}_2$	$\dfrac{\rho_0}{\rho_w} = \dfrac{\overline{h}_1}{\overline{h}_1 + \overline{h}_2}$
$p_0 > 0$ 且 U 形管中水面与油水交界面齐平	1					—	—	
	2					—	—	
	3					—	—	
$p_0 < 0$ 且 U 形管中水面与油面齐平	1			—	—			
	2			—	—			
	3			—	—			

表 6-2　流体静压力测量数据记录及计算表格

（表中基准面选在_____；$Z_C=$_____；$Z_D=$_____）cm

次数	水箱液面标尺读数 ∇_0	测压管液面标尺读数 ∇_h	$\dfrac{p_A}{\rho g}=\nabla_h-\nabla_0$	$\dfrac{p_B}{\rho g}=\nabla_h-\nabla_B$	$\dfrac{p_C}{\rho g}=\nabla_h-\nabla_C$	$\dfrac{p_D}{\rho g}=\nabla_h-\nabla_D$	$Z_C+\dfrac{p_c}{\rho g}$	$Z_D+\dfrac{p_D}{\rho g}$
1								
2								
3								
4								
5								
6								
7								
8								

六、实验要求

（1）实验中只能利用带标尺测压管的标尺进行测量，不可用其他自带尺。

（2）针对每组数据都应重新测量一下本组水箱初始液面。

（3）在测量过程中，加压操作后一定要马上关闭连接加压打气球的阀门，否则仪器将漏气。

（4）测量数据时，加压和减压的速度一定不要过快，要等带标尺测压管完全稳定后再读取数据。

（5）加压和减压的调节幅度一定不要过大，不能让 U 形测压管的油柱一侧进气，否则仪器将无法使用。

第二节　不可压缩流体恒定流能量方程
（伯努利方程）实验

一、实验目的

（1）训练掌握流速、流量、压力等动水力学水力要素的实验测量技术。

（2）验证流体恒定流的能量方程。

（3）通过对动水力学现象的实验分析研究，进一步掌握有压管流中动水力学的能量转换特性。

二、实验原理

在实验管路中沿管内水流方向取 n 个过水断面。可以列出进口断面（1）到断面（i）的能量方程（$i=2,3,4,\cdots,n$）。

$$Z_1+\frac{p_1}{\rho g}+\frac{a_1 v_1^2}{2g}=Z_i+\frac{p_i}{\rho g}+\frac{a_i v_i^2}{2g}+hw_{1-i} \tag{6-7}$$

式中 hw_{1-i}——测量断面间的总水头损失，cm。

取 $a_1 = a_2 = a_3 = \cdots = a_n = 1$，选好基准面，从已设置的各断面测压管中读出 $Z + \dfrac{p}{\rho g}$ 值，测出通过管路的流量，即可计算出断面的平均流速 v 及 $\dfrac{av^2}{2g}$，从而可得到各断面测压管水头与总水头。

三、实验装置及设备

自循环伯努利方程实验装置如图 6-4 所示。

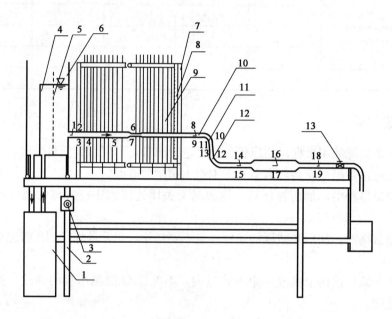

图 6-4   自循环伯努利方程实验装置示意图

1—自循环供水器；2—实验台；3—可控硅无级调速器；4—溢流板；5—稳水孔板；
6—恒压水箱；7—测压计；8—滑动测量尺；9—测压管；10—实验管道；
11—测压点；12—毕托管；13—实验流量调节阀

四、实验方法及步骤

（1）熟悉实验设备，分清各测压管与各测压点、毕托管测点的对应关系。

（2）打开可控硅无级调速器供水，使水箱充水。待水箱溢流后，检查实验流量调节阀关闭时所有测压管水面是否齐平，若不齐平，则进行排气调平（快速开关实验流量调节阀几次）。

（3）打开实验流量调节阀，观察测压管水头线与总水头线的变化趋势及位置水头、压力水头之间的相互关系，并观察当流量减少或增加时测压管水头的变化情况。

（4）调节实验流量调节阀开度，待流量稳定后，测量并记录除与毕托管相连通的测压管外其他测压管液面读数 h_i，同时测量记录实验流量。

（5）再调节实验流量调节阀开度 2 次，其中一次阀门开度大到使液面降到标尺最低点，按第（4）步重复测量。

五、实验数据处理

1. 实验成果及要求

（1）有关实验数据记入表6-3中。

表6-3　有关常数记录表

实验台号：No. _____　　　　　　　　　水箱液面高程∇₀＝_____ cm

测点编号	1* 3	2	4	5	6* 7	8* 9	10 11	12* 13	14* 15	16* 17	18* 19
管径，cm											
两点间距，cm	4	4	6	6	4	13.5	6	10	29	16	16

注：打"*"者为毕托管测点；2、3为直管均匀流段同一断面上的两个测压点，10、11为弯管非均匀流段同一断面上的两个测压点；基准面选在标尺的零点上。

（2）测量 $Z+\dfrac{p}{\rho g}$ 并记入表6-4中。

表6-4　$Z+\dfrac{p}{\rho g}$ 测量记录表

空容器质量：_____ kg　　　　　　　　　　　　　　　　　　　　　　　cm

测点编号		h_2	h_3	h_4	h_5	h_7	h_9	h_{10}	h_{11}	h_{13}	h_{15}	h_{17}	h_{19}	测量质量，kg	测量时间，s
	1														
实验次数	2														
	3														

（3）计算流速水头与总水头（表6-5）。

表6-5　计算数值表

（1）流速水头。

管径 d cm	$Q=$_____ cm³/s			$Q=$_____ cm³/s			$Q=$_____ cm³/s		
	A cm²	v cm/s	$v^2/2g$ cm	A cm²	v cm/s	$v^2/2g$ cm	A cm²	v cm/s	$v^2/2g$ cm

（2）总水头 $\left(Z+\dfrac{p}{\rho g}+\dfrac{av^2}{2g}\right)$，测点单位：cm。

测点编号		2	3	4	5	7	9	13	15	17	19	Q cm³/s
	1											
实验次数	2											
	3											

（4）绘制上述成果中流量最大的总水头线与测压管水头线（轴向尺寸参见图6-5，总水头线与测压管水头线绘于图6-5中）。

2. 实验分析与讨论

（1）测压管水头线与总水头线的变化趋势有何不同？为什么？

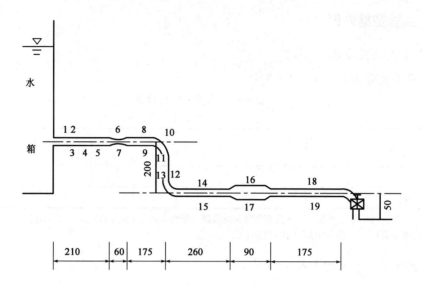

图 6-5 水头线绘制示意图

（2）流量增加，测压管水头线有何变化？为什么？

（3）测点 2、3 与测点 10、11 的测压管读数分别说明了什么？

（4）避免喉管（测点 7）外形成真空有哪几种技术措施？分析改变作用水头（如抬高或降低水箱的水位）对喉管压力的影响情况。

（5）由毕托管测量显示的总水头线与实测绘制的总水头线一般都有差异，试分析其原因。

六、实验要求

（1）可控硅无级调速器刚打开为泵的最大排量，顺时针调节可控硅无级调速器泵排量越来越小，逆时针调节可控硅无级调速器泵排量越来越大，直至关泵。

（2）实验中泵的排量不要过大，使恒压水箱液面保持在溢流板高度，只要能溢流出水即可。

（3）1、6、8、12 等测点为毕托管测点，只作演示用，可观测总水头线变化趋势。

（4）流量测量用桶、秒表和电子秤采用重量法进行计量，每次计量液体体积不低于 3/4 桶，以减小系统误差。

第三节 不可压缩流体恒定流动量定律实验

一、实验目的

（1）验证不可压缩流体恒定流的动量方程。

（2）通过对动量与速度、流量、出射角度、动量矩等因素间相关性的分析研究，进一步掌握流体动力学的动量守恒特性。

（3）了解活塞式动量定律实验仪的原理与构造，进一步启发与培养创造性思维能力。

二、实验原理

1. 仪器工作原理

自循环供水装置由离心式水泵与蓄水箱组合而成。水泵的开启、流量大小的调节由带开关的流量调节器控制。水流经供水管供给恒压水箱，溢流水经回水管流回蓄水箱。工作水流经管嘴形成射流，射流冲击到带活塞与翼片的抗冲击平板上，并以与入射方向成 90°的方向离开抗冲击平板。带活塞的抗冲击平板在射流冲力与测压管中的水压力作用下处于平衡状态。活塞形心处水深 h_c 可由测压管测知，由此可求得射流冲力，即动量力 F 冲击后的弃水经集水箱汇集后，再经上回水管流出，出口处用体积法或重量法测定流量。水流最后经漏斗和下回水管流回蓄水箱。

为了自动调节测压管内的水位，以使带活塞的平板受力平衡以及减少摩擦阻力对活塞的作用，本实验装置应用了自动控制的反馈原理与动摩擦减阻技术，具有如下结构：带活塞、翼片的抗冲击平板与带活塞套的测压管如图 6-6 所示，该图是活塞退出活塞套时的分部件示意图。活塞中心设有一个细导水管 a，进口端位于平板中心，出口端位于活塞头部，出口方向与轴向垂直。在平板上设有翼片 b，在活塞上设有窄槽 c。

工作时，在射流冲击力作用下，水流经导水管 a 向测压管内加水。当射流冲击力大于测压管内水柱对活塞的压力时，活塞内移，窄槽 c 关小，水流外溢减少，使测压管内水位升高，水压力增大；反之，活塞外移，窄槽开大，水流外溢增多，测压管内水位降低，水压力减小。在恒定射流冲击下，经短时间的自动调整，即可到达射流冲击力与水压力平衡状态。这时，活塞处于半进半出、窄槽部分开启的位置上，过 a 流进测压管的水量与 c 外溢的水量相等。由于平板上设有翼片 b，在水流冲击下平板带动活塞旋转，因而克服了活塞在沿轴向滑移时的静摩擦力。

2. 实验基本原理

恒定总动量原理：

$$F = \rho Q(\beta_2 v_2 - \beta_1 v_1) \tag{6-8}$$

取脱离体如图 6-7 所示，因滑动摩擦阻力水平分力 $f_x < 0.5\% F_x$，可忽略不计，在 x 方向上的动量方程为：

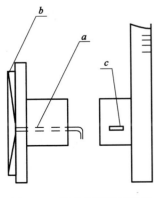

图 6-6　抗冲击平板示意图

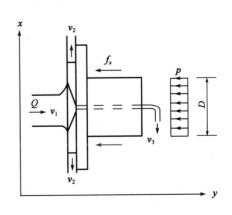

图 6-7　脱离体示意图

$$F_x = -p_c A = -\rho g h_c \frac{\pi}{4} D^2 = \rho Q \left(0 - \beta_1 v_{1x}\right) \qquad (6-9)$$

即

$$\beta_1 \rho Q v_{1x} - \frac{\pi}{4} \rho g h_c D^2 = 0 \qquad (6-10)$$

式中　h_c——作用在活塞圆心处的水深，cm；

D——活塞直径，cm；

Q——射流流量，cm^3；

v_{1x}——射流速度，cm/s；

β_1、β_2——动量修正系数。

实验中，在平衡状态下，只要测量流量 Q，测管液柱 h_c 值，由给定的管嘴直径 d 与活塞直径 D，便可验证动量方程并测定射流的动量修正系数 β_1 值。其中，测压管标尺零点已固定在活塞的圆心处，标尺的液面读数即为作用在活塞圆心处的水深。

三、实验装置及设备

动量定律实验装置如图 6-8 的示。

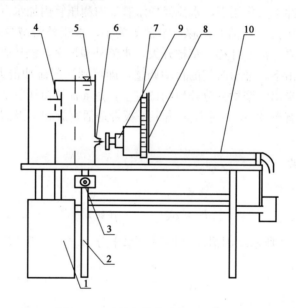

图 6-8　动量定律实验装置示意图

1—自循环供水器；2—实验台；3—可控硅无级调速器；4—水位调节阀；

5—恒压水箱；6—管嘴；7—集水箱；8—带活塞的测压管；

9—带活塞和翼片的抗冲击平板；10—上回水管

四、实验方法及步骤

(1) 准备：熟悉实验装置各部分名称、结构特征、作用性能，记录有关常数。

(2) 开启水泵：打开调速器开关，水泵启动 2～3min，短暂关闭 2～3s，以利用回水排除离心式水泵内滞留的空气。

(3) 调整测压管位置：待恒压水箱箱顶溢流后，松开测压管固定螺钉，调整方位，要求测压管垂直，螺钉对准十字中心，使活塞转动灵活，然后旋转螺钉固定好。

（4）测读水位：标尺的零点已固定在活塞圆心的高程上。当测压管液面稳定后，记下测压管液面内的标尺读数，即 h_c 值。

（5）测量流量：利用体积时间法，在上回水管的出口处测量射流的流量，流量测量时间要求在 $15\sim20s$ 以上。可用塑料桶等容器通过活动漏斗接水，再用量筒测量其体积，也可用重量法测量流量（重复测量3次）。

（6）改变水头重复实验：逐次打开不同高度上的溢水孔盖，改变管嘴的作用水头。调节调速器，待水头稳定后，按（3）至（5）步骤重复进行实验。

五、实验数据处理

1. 实验成果及要求

（1）记录有关常数。

实验台号：No. _____ ，管嘴直径 $d=$ _____ cm，活塞直径 $D=$ _____ cm。

（2）实验参数填入记录、计算表 6-6 中并进行数据计算。

表 6-6　动量定律实验数据记录、计算数值表

空容器质量：_____ kg

测次	质量 G kg	时间 T s	流量 Q cm³/s	平均流量 $\bar{Q}$ cm³/s	活塞作用水头 h_c cm	流速 v cm/s	动量 F_x kg·cm/s²	动量修正系数 β_1
1								
2								
3								

2. 实验分析与讨论

（1）带翼片的平板在射流作用下获得力矩，这对分析射流冲击无翼片的平板沿 x 方向的动量方程有无影响？为什么？

（2）通过细导水管的分流，其出流角度为什么需垂直于 v_{1x}？

（3）滑动摩擦阻力水平分力 f_x 为什么可以忽略不计？试用实验来分析验证 f_x 的大小，记录观察结果（提示：平衡时，向测压管内加入或取出 1mm 左右深的水量，观察活塞及液位的变化）。

六、实验要求

（1）实验中应适当调节可控硅无级调速器，使恒压水箱液面保持稳定。

（2）实验流量由恒压水箱侧面转轮控制，可调节 3 种流量。

（3）实验过程中改变流量后需稳定 3～5min 再测量记录测压管读数，否则测量值将有较大误差。

（4）流量测量采用重量法，一定要等水头完全稳定后再测量，每次测量液体时间不低于15s。

第四节　毕托管测速实验

一、实验目的

（1）通过对管嘴淹没出流点速度及点流速系数的测量，掌握毕托管测量点流速的技术。

（2）通过对毕托管的构造与适用性的了解以及对其测量精度的检验，进一步明确传统流体力学测量仪器的现实作用。

二、实验原理

$$u = c\sqrt{2g\Delta h} \qquad (6-11)$$

式中　u——毕托管测点处的点流速，cm/s；

　　　c——毕托管的校正系数；

　　　Δh——毕托管静压、全压孔的测压管水柱高差，cm。

$$u = \varphi'\sqrt{2g\Delta H} \qquad (6-12)$$

式中　u——毕托管测点处流速，cm/s；

　　　φ'——测点流速系数；

　　　ΔH——管嘴作用水头，cm。

三、实验装置及设备

毕托管测速实验装置如图6-9所示。

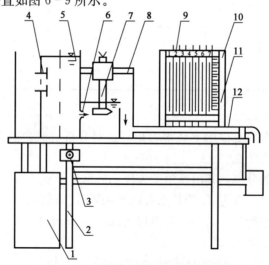

图 6-9　毕托管测速实验装置示意图

1—自循环供水器；2—实验台；3—可控硅无级调速器；4—水位调节阀；5—恒压水箱；

6—管嘴；7—毕托管；8—尾水箱与导轨；9—测压管；10—测压计；

11—滑动测量尺；12—上回水管

四、实验方法及步骤

(1) 准备：熟悉实验装置各部分名称、作用性能，分解毕托管，搞清其构造特征、实验原理；用医塑管将上、下游水箱的测点分别与测压中心的测压管 1、2 相连；将毕托管对准管嘴，距离管嘴处 2～3cm，上紧固定螺钉。

(2) 开启水泵：顺时针打开调速器，将流量调节到最大。

(3) 排气：待上、下游溢流后，用吸气球放在测压管管口处抽吸，排出毕托管及各连通管中气体，用静水匣罩住毕托管，可检查测压计液面是否水平。液面不齐平可能是空气没有排尽，必须重新排气。

(4) 测量并记录各有关常数与实验参数，填入实验表格。

(5) 改变流速：操作水位调节阀并相应调节调速器，使溢流量适中，共可获得 3 个不同恒定水位与相应的不同流速。改变流速后，按上述方法重新测量。

(6) 实验结束时，按上述步骤（3）的方法检查毕托管测压计液面是否齐平。

五、实验数据处理

1. 实验成果及要求

毕托管测速实验数据见表 6-7。

表 6-7 毕托管测速实验记录与计算表

实验台号：No. _____   校正系数 $c=$ _____，$k_1 = c\sqrt{2g}=$ _____

实验次数	上、下游水位计			毕托管测压计			测点流速 $u=k_1\sqrt{\Delta h}$	测点流速系数 $\varphi'=c\sqrt{\Delta h/\Delta H}$
	h_1 cm	h_2 cm	ΔH cm	h_3 cm	h_4 cm	Δh cm		
1								
2								
3								

2. 实验分析与讨论

(1) 利用测压管测量点压力时为什么要排气？怎样检验排气干净与否？

(2) 毕托管的动压头 Δh 和管嘴上、下游水位差 ΔH 之间的关系怎样？为什么？

(3) 所测的流速系数 φ' 说明什么？

六、实验要求

(1) 实验流量由恒压水箱侧面转轮控制，可调节 3 种不同流量。

(2) 毕托管使用前需用洗耳球排气，然后用静压匣罩住毕托管，稳定后，第 3、4 号测压管液面应保持一致，否则需重新排气。

(3) 实验过程中测量 3 种不同流速下的测压管读数，改变流速后需稳定 8～10min 再测量与记录测压管读数，否则测量值会有较大误差。

第五节 雷诺实验

一、实验目的

（1）通过层流、紊流的流态观测与临界雷诺数的测量分析，掌握圆管流态转化的规律。

（2）进一步掌握层流、紊流两种流态的运动学特性与动力学特性。

（3）学习应用无量纲参数进行实验研究的方法，并了解其实用意义。

二、实验原理

$$Re = \frac{\upsilon D}{\gamma} = \frac{4Q}{\pi D\gamma} = K'Q \qquad (6-12)$$

$$Q = \frac{V}{T} \qquad (6-13)$$

式中 Re ——雷诺数；

  γ ——运动黏度，cm^2/s；

  D ——管径，cm；

  Q ——流量，cm^3/s；

  V ——流量测量体积，cm^3；

  T ——流量测量时间，s。

三、实验装置及设备

自循环雷诺实验装置如图 6-10 所示。

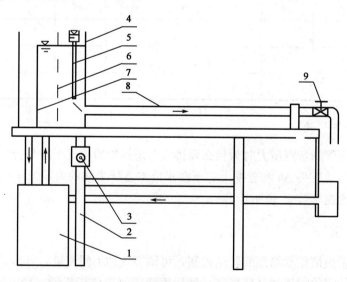

图 6-10 自循环雷诺实验装置示意图

1—自循环供水器；2—实验台；3—可控硅无级调速器；4—恒压水箱；

5—有色指示水供给箱；6—稳水孔板；7—溢流板；

8—实验管道；9—实验流量调节阀

四、实验方法及步骤

（1）测量并记录本实验的有关常数。

（2）观察两种流态。打开可控硅无级调速器使恒压水箱充水至溢流水位，经稳定后，微微开启流量调节阀，并注入颜色水于实验管内，使颜色水流成一条直线。通过颜色水质点的运动观察管内水流的层流流态，然后逐步开大调节阀，通过颜色水流线的变化观察层流转变到紊流的水力特征。待管中出现完全紊流后，再逐步关小调节阀，观察由紊流转变为层流的水力特征。

（3）测定下临界雷诺数。

①将流量调节阀打开，使管中完全紊流，再逐步关小调节阀使流量减小。当流量调节使颜色水在全管内刚刚拉成一条直线状态时，即为临界状态。每调节阀门一次，均需稳定几分钟。

②待管中出现临界状态时，用体积法测定流量。

③根据所测流量计算下临界雷诺数。

④重新打开流量调节阀，使其形成完全紊流，按照上述步骤重复测量不少于 3 次。

⑤同时用水箱中的温度计测记水温，从而计算出水的运动黏度。

注意：流量调节阀不可开得过大，以免引起水箱中的水体紊动。若因水箱中水体紊动而干扰进口水流时，须关闭流量调节阀，静止 3～5min，再按步骤①重复进行。

（4）测定上临界雷诺数。

逐渐开启流量调节阀，使管中水流由层流过渡到紊流，当颜色水线刚开始散开时，即为上临界状态，测定上临界雷诺数 1～2 次。

五、实验数据处理

1. 实验成果及要求

（1）记录计算常数。

实验台号：No. _____ ；

管径 $D=$ _____ cm；

水温 $t=$ _____ ℃；

运动黏度 $\gamma = 0.01775 \div (1 + 0.0337t + 0.000221t^2) = $ _____ cm²/s；

计算常数 $k' = \dfrac{4}{\pi D \gamma} = $ _____ s/cm³。

记录与计算数据见表 6-8。

表 6-8　雷诺实验记录与计算表

实验次序	颜色水线形态	水体积 V cm³	时间 T s	流量 Q cm³/s	雷诺数 Re	阀门开度 增（↑）或减（↓）	备注

2. 实验分析与讨论

（1）流态判据为何采用无量纲参数而不采用临界流速？

（2）为何认为上临界雷诺数无实际意义，而采用下临界雷诺数作为层流与紊流的判据？实测下临界雷诺数为多少？

（3）雷诺实验得出的圆管流动下临界雷诺数为 2320，而目前一般教科书中介绍采用的临界雷诺数是 2000，为什么？

（4）试结合紊动机理演示实验，分析由层流过渡到紊流的机理。

（5）分析层流和紊流在运动学特性与动力学特性方面各有何差异？

六、实验要求

（1）观察流态与记录数据要远离实验台，以保持实验台绝对稳定。

（2）实验过程中泵的排量不要太大，使溢流板流出水即可。

（3）注意每次流量调节后需稳定 1～2min 再观察流态，否则流态会不稳。

（4）流量测量采用体积法，使用 500mL 量筒与秒表进行计量，每次计量液体体积不低于 450mL，以减少系统误差。

（5）使用本仪器测量，下临界雷诺数为 2000～2300，上临界雷诺数为 3000～5000。

第六节　流量计校正实验

一、实验目的

（1）通过实验测定文丘里流量计的流量系数。

（2）掌握应用文丘里流量计量测管道流量的技术以及应用气——水多管压差计量测量压差的技术，掌握文丘里流量计的水力特征。

（3）通过实验与量纲分析，学习应用量纲分析与实验结合来研究流体力学问题的途径。

二、实验原理

根据伯努利方程式和连续方程式，可得不计阻力作用时的文丘里管过水能力关系式为：

$$Q' = \frac{\frac{\pi}{4}d_1^2}{\sqrt{\left(\frac{d_1}{d_2}\right)^4 - 1}}\sqrt{2g\{[Z_1 + p_1/(\rho g)] - [Z_2 + p_2/(\rho g)]\}} = K\sqrt{\Delta h} \qquad (6-15)$$

其中

$$K = \frac{\pi}{4}d_1^2\sqrt{2g}\Big/\sqrt{(d_1/d_2)^4 - 1} \qquad (6-16)$$

$$\Delta h = [Z_1 + p_1/(\rho g)] - [Z_2 + p_2/(\rho g)] \qquad (6-17)$$

式中　Δh——两断面测压管水头差，cm。

实际上，由于阻力的存在，通过的实际流量 Q 恒小于 Q'。

引入一个无量纲系数 $\mu = Q/Q'$（μ 称为流量系数），对计算所得的流量值进行修正，即

$$Q = \mu Q' = \mu K\sqrt{\Delta h} \qquad (6-18)$$

三、实验装置及设备

流量计校正实验装置如图 6-11 所示。

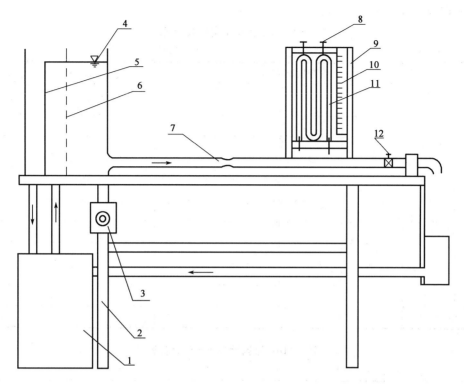

图 6 - 11　流量计校正实验装置示意图

1—自循环供水器；2—实验台；3—可控硅无级调速器；4—恒压水箱；5—溢流板；
6—稳水孔板；7—文丘里实验管；8—测压计气阀；9—测压计；
10—滑尺；11—回管压差计；12—实验流量调节阀

四、实验方法及步骤

（1）测量记录各有关常数，并检查在实验流量调节阀全关时，测压管液面读数（h_1 — h_2）＋（h_3 — h_4）是否为零；若不为零，需查出原因并予以排除。

（2）调整测压管液面高度，使在实验流量调节阀全开时各测压管液面处在滑尺读数范围内。

（3）全开实验流量调节阀，待水流稳定后，读取各测压管的液面读数 h_1、h_2、h_3、h_4，并用体积法或重量法测量流量。

（4）逐次关小调节阀，改变流量，量测 7～10 次，注意调节阀门时应缓慢。

（5）把测量值记录在表 6 - 9 内，并进行有关计算。

（6）如测压管内液面波动，应测取平均值。

（7）实验结束，需按步骤（1）校核压差计是否回零。

五、实验数据处理

1. 实验成果及要求

（1）记录有关计算常数：d_1＝_____ cm；d_2＝_____ cm；水温 t＝_____ ℃；γ＝_____ cm²/s。

（2）记录、计算见表6-9、表6-10。

表6-9　流量计校正实验数据记录表

实验台号：No. _____　　　　　　　　　　　　空容器质量：_____ kg

实 验 次 数	测压管读数，cm				测量质量 kg	测量时间 s
	h_1	h_2	h_3	h_4		
1						
2						
3						
4						
5						
6						
7						
8						
9						
10						

表6-10　流量计校正实验计算表

$K=$ _____ $\mathrm{cm}^{2.5}/\mathrm{s}$

实 验 次 数	Q $\mathrm{cm^3/s}$	$\Delta h = h_1 - h_2 + h_3 - h_4$ cm	Re_1	$Q' = K\sqrt{\Delta h}$ $\mathrm{cm^3/s}$	$\mu = \dfrac{Q}{Q'}$
1					
2					
3					
4					
5					
6					
7					
8					
9					
10					

2. 实验分析与讨论

（1）本实验中影响文丘里管流量系数大小的因素有哪些？哪个因素最敏感？对本实验的管道而言，若因加工精度影响，误将（$d_2-1.01$）cm 值取代上述的 d_2 值时，本实验在最大流量下的 μ 值将变为多少？

（2）为什么 Q' 与 Q 不相等？

（3）试应用量纲分析法阐明文丘里流量计的水力特性。

（4）文丘里管颈处容易产生真空，允许最大真空度为 $6\sim7\mathrm{mH_2O}$ 柱。工程中应用文丘里管时应检验其最大真空度是否在允许范围内，据实验成果，分析本实验流量计喉颈最大真空度为多少？

六、实验要求

(1) 实验中适当调节可控硅无级调速器，使恒压水箱液面保持稳定。

(2) 开泵后，打开压差计软管上的夹子，测量结束关泵前把夹子夹在原处。

(3) 实验过程中每次调节阀门一定要缓慢。

(4) 压差测量只采用气水压差计，压差计液面如有波动，应读取平均值。

(5) 流量测量采用重量法，每次测量不低于 3/4 桶。

第七节　沿程水头损失实验

一、实验目的

(1) 掌握管道沿程阻力系数的量测技术并掌握应用气水压差计测量压差的方法。

(2) 加深了解圆管层流和紊流的沿程损失随平均流速的变化规律。

(3) 将测得的 $\lambda - Re$ 曲线与莫迪图对比，分析其合理性，进一步提高实验成果的分析能力。

二、实验原理

由 D - W 公式：

$$h_\mathrm{f} = \lambda \frac{L}{d} \cdot \frac{v^2}{2g} \tag{6-19}$$

得：

$$\lambda = \frac{2dgh_\mathrm{f}}{Lv^2} = K \frac{h_\mathrm{f}}{Q^2} \tag{6-20}$$

其中

$$K = \pi^2 g d^5 / 8L \tag{6-21}$$

式中　h_f——沿程损失，cm；

　　　λ——摩阻系数；

　　　d——圆管直径，cm；

　　　L——测量段长度，cm；

　　　Q——测量段流量，cm^3/s；

　　　v——测量段流速，cm/s。

三、实验装置及设备

本实验装置如图 6 - 12 所示。

四、实验方法及步骤

(1) 了解各组成部件的名称、作用及工作原理，记录有关实验常数。

(2) 供水装置有自动启闭功能，接上电源后，打开阀门，水泵能自动开机供水；关闭阀门，水泵会随之断电停机。若水泵连续运转，则供水压力恒定，但在供水流量很小（如层流

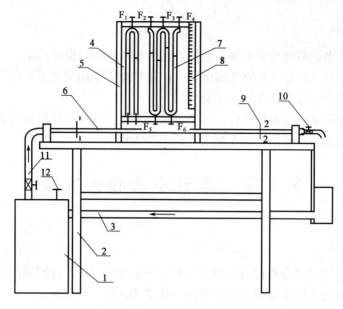

图 6-12　自循环沿程水头损失实验装置示意图

1—自循环高压全自动恒压供水器；2—实验台；3—回水管；

4—气水压差计；5—测压计；6—实验管道；7—水—水银压差计（或电测仪）；

8—滑动测量尺；9—测压点；10—实验流量调节阀；11—供水管与供水阀；

12—分流管与分流阀

实验）时，水泵会时转时停，供水压力波动很大。分流阀门的作用是为了小流量时用分流来增加水泵的出水量，以避免时转时停造成的压力波动现象。

（3）对气水压差计排气：先开启分流阀，松开止水夹，然后开启供水阀，启闭流量调节阀若干次。再关闭供水阀，开启流量调节阀，然后旋开旋塞 F_1（图 6-12），待气水压差计中水位降至零高程时，拧紧旋塞 F_1，关闭流量调节阀，开启供水阀门。

（4）对调节筒充水排气：当调节筒中水位过低（接近进水高程）时，先开启供水阀门，关闭流量调节阀门，斜置调压筒，调压筒自动充水至 2/3 以上筒高，再启闭阀门若干次，直至气泡排净为止。

（5）测量层流数据（气水压差计 Δh 在 2～3cmH₂O 柱以下），关闭流量调节阀门，全开供水阀门和分流阀门，然后调节流量控制阀门，由小到大逐次进行。每次调节流量后，用量筒、秒表测定流量，每次测量流量的时间应长于 10s；用蓄水箱内温度计测量水温。用滑尺测定气水压差计测压管液面值。层流数据测量 3～5 组。

（6）测量紊流数据前，应将气水压差计上止水夹夹紧，否则加大流量会使气水压差计测压管内的气体流入连通管里，使测压点上的水静压能有部分转成流速动能，造成实测水—水银压差计（或电测仪）压差严重失真。一旦出现这种情况，必须再次排气，方可继续实验。

（7）全开流量调节阀门，测量第一组紊流数据（流量、水温、压差），使用水—水银压差计（或电测仪）测量紊流压差，再逐次关小分流阀门，使实验流量逐渐加大。紊流数据测量不低于 5 组。

（8）由于水泵运转过程中水温有变化，要求层流和紊流每次实验测量均需测量水温。

（9）实验测量结束后，先关闭流量调节阀门，检查气水压差计与水—水银压差计（或电测仪）是否回零，切断电测仪电源，然后关闭分流阀门，最后关闭供水阀门。

五、实验数据处理

1. 实验成果及要求

（1）有关常数：实验台号：No. _____；圆管直径 $d=$ _____ cm；测量段长度 $L=$ _____ cm。

（2）记录及计算见表 6-11。

表 6-11 沿程水头损失实验记录与计算表

常数 $K=\pi^2 g d^5/8L=$ _____ cm^5/s^2

实验次数	体积 V cm^3	时间 T s	流量 Q cm^3/s	流速 v cm/s	水温 t ℃	运动黏度 γ cm^2/s	雷诺数 Re	测压计读数 cm		沿程损失 h_f cm	摩阻系数 λ	$Re<2320$ $\lambda=64/Re$
								h_1	h_2			
1												
2												
3												
4												
5												
6												
7												
8												
9												
10												

（3）绘图分析：

①绘制 h_f-v 的关系曲线，并确定指数关系值 m 的大小。在双对数坐标纸上以 $\lg v$ 为横坐标，以 $\lg h_f$ 为纵坐标，绘制所测的关系曲线，根据具体情况连成一段或几段直线。求双对数坐标纸上直线的斜率：

$$m=\frac{\lg h_{f2}-\lg h_{f1}}{\lg v_2-\lg v_1} \tag{6-22}$$

将从图上求得的 m 值与已知各流区的 m 值进行比较。

②测绘 λ-Re 的关系曲线，并与莫迪图进行比较。

2. 实验分析与讨论

（1）为什么压差计的水柱差就是沿程水头损失？实验管道安装成向下倾斜是否影响实验成果？

（2）根据实测 m 值判别本实验的流区。

（3）实际工程中钢管中的流动大多为紊流光滑区或紊流过渡区，而水电站泄洪洞的流动大多为紊流阻力平方区，其原因何在？

（4）管道的当量粗糙度如何测得？

（5）本次实验结果与莫迪图吻合与否？试分析其原因。

六、实验要求

（1）开泵顺序为：全开供水阀，然后全开分流阀，恒压泵即自动启动。

（2）本实验流量采用体积法测量，层流流量使用 500cm³ 量筒和秒表进行计量，紊流流量使用 2000cm³ 量筒和秒表进行计量。

（3）本实验水温是变化的，每组数据均需重新测量水温。温度计挂在水箱内，测量时一定不要把温度计完全提出水面。

（4）层流压差使用气水压差计进行计量，注意层流数据测完后一定要把气水压差计两侧软管用夹子夹死，否则测紊流数据时测点将进气，实验数据将失真。

（5）紊流压差使用电测仪进行计量，电测仪数据即为测点压差值。

（6）实验结束关泵顺序为：先关闭电测仪开关，然后关闭实验流量调节阀，关分流阀，最后关供水阀。关阀顺序一定不要颠倒，否则仪器将损坏。

第八节　局部阻力损失实验

一、实验目的

（1）训练掌握三点法、四点法测量局部阻力损失与局部阻力系数的技能。

（2）通过对圆管突扩局部阻力系数表达公式与突缩局部阻力系数经验公式的实验验证与分析，熟悉用理论分析法与经验法建立函数式的途径。

（3）加深对局部阻力损失机理的理解。

二、实验原理

由沿水流方向局部阻力前、后两断面的能量方程，根据推导条件，扣除沿程水头损失可得：

（1）突然扩大，采用三点法计算（下述公式中 h_{f1-2} 由 h_{f2-3} 按流长比例换算得出）：

$$h_{f1-2} = \frac{1}{2} h_{f2-3} = (h_2 - h_3)/2 \qquad (6-23)$$

式中　h_f——测量断面间的沿程水头损失，cm；

h——测压管液柱高度，cm。

实测值

$$h_{j扩大} = \left[\left(Z_1 + \frac{p_1}{\rho g} \right) + \frac{a v_1^2}{2g} \right] - \left[\left(Z_2 + \frac{p_2}{\rho g} \right) + \frac{a v_2^2}{2g} + h_{f1-2} \right] = E_1 - E_2 \qquad (6-24)$$

$$E_1 = \left(Z_1 + \frac{p_1}{\rho g} \right) + \frac{a v_1^2}{2g}$$

$$E_2 = \left(Z_2 + \frac{p_2}{\rho g} \right) + \frac{a v_2^2}{2g} + h_{f1-2}$$

式中　h_j——测量断面的局部阻力损失，cm。

$$\zeta_{扩大} = h_{j扩大} \bigg/ \left(\frac{a v_1^2}{2g} \right) \qquad (6-25)$$

式中　$\zeta_{扩大}$——突扩断面的局部阻力系数。

理论值

$$\zeta'_{扩大} = \left(1 - \frac{A_1}{A_2}\right)^2 \qquad (6-26)$$

式中　$\zeta'_{扩大}$——突扩断面的局部阻力系数理论值；

A_1、A_2——测量前、后断面面积，cm^2。

$$h'_{扩大} = \zeta'_{扩大} \cdot \frac{av_1^2}{2g} \qquad (6-27)$$

式中　$h'_{扩大}$——突扩断面的局部阻力损失理论值，cm。

（2）突然缩小，采用四点法计算（下述公式中 B 点为突缩点，h_{f4-B} 由 h_{f3-4} 按流长比例换算得出，h_{fB-5} 由 h_{f5-6} 按流长比例换算得出）：

$$h_{f4-B} = \frac{1}{2} h_{f3-4} = (h_3 - h_4)/2 \qquad (6-28)$$

$$h_{fB-5} = h_{f5-6} = h_5 - h_6 \qquad (6-29)$$

实测值

$$h_{j缩小} = \left[\left(Z_4 + \frac{p_4}{\rho g}\right) + \frac{av_4^2}{2g} - h_{f4-B}\right] - \left[\left(Z_5 + \frac{p_5}{\rho g}\right) + \frac{av_5^2}{2g} + h_{fB-5}\right] = E_4 - E_5 \qquad (6-30)$$

$$E_4 = \left(Z_4 + \frac{p_4}{pg}\right) + \frac{av_4^2}{2g} - h_{f4-B}$$

$$E_5 = \left(Z_5 + \frac{p_5}{pg}\right) + \frac{av_5^2}{2g} - h_{fB-5}$$

$$\zeta_{缩小} = h_{j缩小}\bigg/\frac{av_5^2}{2g} \qquad (6-31)$$

经验值

$$\zeta'_{缩小} = 0.5\left(1 - \frac{A_5}{A_3}\right) \qquad (6-32)$$

式中　$\zeta_{缩小}$——突缩断面的局部阻力系数经验值。

$$h'_{j缩小} = \zeta_{缩小} \cdot \frac{av_5^2}{2g} \qquad (6-33)$$

式中　$h'_{j缩小}$——突缩断面的局部阻力损失经验值，cm。

三、实验装置及设备

本实验装置如图 6-13 所示。

四、实验方法及步骤

（1）测量记录实验有关常数。

（2）打开可控硅无级调速器，使恒压水箱充水，排除实验管道内的滞留气体。待水箱溢流后，检查实验流量调节阀全关时各测压管液面是否齐平；若不平，则需排气调平。

（3）打开实验流量调节阀至最大开度，待流量稳定后，测量记录测压管读数，同时用体积法或重量法测量记录流量。

（4）改变泄水阀开度 4～8 次，分别测量记录测压管读数及流量。

（5）实验完成后，关闭实验流量调节阀，检查测压管液面齐平后再关闭可控硅无级调速器开关。

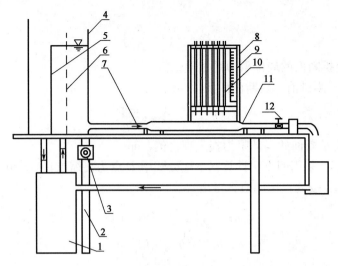

图 6-13　局部阻力系数测量实验装置示意图

1—自循环供水器；2—实验台；3—可控硅无级调速器；4—恒压水箱；

5—溢流板；6—稳水孔板；7—突然扩大实验管段；8—测压计；

9—滑动测量尺；10—测压管；11—突然收缩实验管段；

12—实验流量调节阀

五、实验数据处理

1. 实验成果及要求

（1）记录、计算有关常数。

实验台号：No. _____ ；$d_1 = D_1 =$ _____ cm；$d_2 = d_3 = d_4 = D_2 =$ _____ cm；

$d_5 = d_6 = D_3 =$ _____ cm；$l_{1-2} = 12$cm；$l_{2-3} = 24$cm；$l_{3-4} = 12$cm；$l_{4-B} = 6$cm；$l_{B-5} = 6$cm；

$l_{5-6} = 6$cm。

$$\zeta'_{扩大} = \left(1 - \frac{A_1}{A_2}\right)^2 = \underline{\qquad}。$$

$$\zeta'_{缩小} = 0.5\left(1 - \frac{A_5}{A_3}\right) = \underline{\qquad}。$$

（2）记录、计算。

局部阻力损失实验记录见表 6-12。

表 6-12　局部阻力损失实验记录表

空容器质量：_____ kg

实验次数	流 量 测 量			测压管读数，cm					
	质量 kg	时间 s	流量 cm³/s	1	2	3	4	5	6
1									
2									
3									
4									
5									

实验次数	流量测量			测压管读数，cm					
	质量 kg	时间 s	流量 cm³/s	1	2	3	4	5	6
6									
7									
8									

局部阻力损失实验计算数据见表6-13。

表 6-13 局部阻力损失实验计算表

实验次数	阻力形式	流量 cm³/s	前断面		后断面		h_j cm	ξ	h'_j cm
			$\dfrac{av^2}{2g}$ cm	E_1、E_4 cm	$\dfrac{av^2}{2g}$ cm	E_2、E_5 cm			
1	突然扩大								
2									
3									
4									
5									
6									
7									
8									
1	突然缩小								
2									
3									
4									
5									
6									
7									
8									

2. 实验分析与讨论

（1）结合实验成果，分析比较突扩与突缩在相应条件下的局部损失大小关系。

（2）结合流动演示仪的水力现象，分析局部阻力机理，以及产生突扩与突缩局部阻力损失的主要部位，怎样减小局部阻力损失？

（3）现备一段长度及连接方式与调节阀（图6-13）相同，内径与实验管道相同的直管段，如何用两点法测量阀门的局部阻力系数？

（4）实验测得突缩管在不同管径比时的局部阻力系数（$Re>10^5$）如下：

序　号	1	2	3	4	5
d_2/d_1	0.2	0.4	0.6	0.8	1.0
ζ	0.48	0.42	0.32	0.18	0

试用最小二乘法建立局部阻力系数的经验公式。

（5）试说明利用理论分析法与经验法建立相关物理量函数关系式的途径。

六、实验要求

（1）实验要保持在紊流状态下测量数据。

（2）实验过程中改变流量后需稳定 8～10min 再测量记录测压管读数，否则测量值将会有较大误差。

（3）最大流量数据测量时，流量调节阀不需要完全开到最大，以保证所有测压管能读取数据。

（4）流量测量采用重量法，每次测量液体体积不低于 3/4 桶。

第九节　孔口与管嘴出流实验

一、实验目的

（1）掌握孔口与管嘴出流的流速系数、流量系数、收缩系数、局部阻力系数的测量技术。

（2）通过对不同管嘴与孔口的流量系数测量分析，了解进口形状对出流能力的影响及相关水力要素对孔口出流能力的影响。

二、实验原理

$$Q = \varphi \varepsilon A \sqrt{2gH_0} = \mu A \sqrt{2gH_0} \tag{6-34}$$

$$H_0 = H + \frac{a v_0^2}{2g} \tag{6-35}$$

$$\mu = \frac{Q}{A \sqrt{2gH_0}} \tag{6-36}$$

$$\varepsilon = \frac{A_c}{A} = \frac{d_c^2}{d} \tag{6-37}$$

$$\varphi = \frac{v_c}{\sqrt{2gH_0}} = \frac{\mu}{\varepsilon} = \frac{1}{\sqrt{1+\xi}} \tag{6-38}$$

$$\xi = \frac{1}{\varphi^2} - 1 \tag{6-39}$$

式中　H_0——水头，因流速水头 $\dfrac{a v_0^2}{2g}$ 很小，可忽略不计，故 $H_0 = H$，cm；

　　　ε——收缩系数；

　　　φ——流速系数；

　　　A——管嘴、孔口截面积，cm^2；

d——管嘴、孔口断面直径，cm；

μ——流量系数；

A_{c}——管嘴、孔口收缩断面面积，cm^2；

d_{c}——管嘴、孔口收缩断面直径，cm；

v_{c}——管嘴、孔口收缩断面流速，cm/s；

ξ——阻力系数。

三、实验装置及设备

本实验装置如图 6-14 所示。

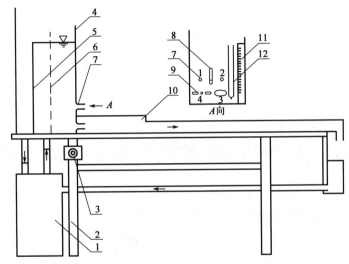

图 6-14 孔口与管嘴出流实验装置示意图

1—自循环供水器；2—实验台；3—可控硅无级调速器；4—恒压水箱；
5—溢流板；6—稳水孔板；7—孔口管嘴（1 号为圆角管嘴，2 号为直角
进口嘴，3 号为锥形管嘴，4 号为孔口）；8—防溅旋板；9—测量孔口
射流收缩直径的移动触头；10—上回水槽；11—标尺；12—测压管

四、实验方法及步骤

（1）记录实验常数，各孔口、管嘴用橡皮塞塞紧。

（2）打开可控硅无级调速器开关，使恒压水箱充水。至溢流后，再打开 1 号圆角管嘴，待水面稳定后，测量记录水箱水面高程标尺读数 H_1，用体积法（或重量法）测定 Q（要求重复测量 3 次，时间尽量长些，在 15s 以上，以求准确）。测量完毕，先旋转水箱内的旋板，将 1 号管嘴进口盖好，再塞紧橡皮塞。

（3）依照上述方法打开 2 号管嘴，测量记录水箱水面高程标尺读数 H_1 及流量 Q，观察与测量直角管嘴出流时的真空情况。

（4）打开 3 号锥形管嘴，测定 H_1 及 Q。

（5）打开 4 号孔口，观察孔口出流现象，测定 H_1 及 Q；量测收缩断面直径，可用孔口两边的移动触头。首先松动螺钉，先移动一边触头将其与水股切向接触，并旋紧螺钉，再移动另一边触头，使之切向接触，并旋紧螺钉；将旋板按顺时针方向关上孔口，用卡尺测量触头间距，即为射流直径。实验时，将旋板置于不工作的孔口（或管嘴）上，尽量减少旋板对

工作孔口、管嘴的干扰。然后改变孔口出流的作用水头（可减少进口流量），观察孔口收缩断面直径随水头变化的情况。

（6）关闭可控硅无级调速器开关，清理实验桌面及场地。

五、实验数据处理

1. 实验成果及要求

（1）记录有关常数：

实验台号 No. _____；

喇叭进口管嘴　$d_1 =$ _____ cm，出口高程读数 $Z_1 = Z_2 =$ _____ cm；

直角管嘴　$d_2 =$ _____ cm；

锥形管嘴　$d_3 =$ _____ cm，出口高程读数 $Z_3 = Z_4 =$ _____ cm；

孔　　口　$d_4 =$ _____ cm。

（2）记录及计算。

记录及计算情况见表 6-14。

2. 实验分析与讨论

（1）结合观测不同类型管嘴与孔口出流的流股特征，分析流量系数不同的原因及增大过流能力的途径。

（2）观察 $d/H > 0.1$ 时孔口出流的收缩率，相比 $d/H < 0.1$ 时有何不同？

（3）试分析完善收缩的锐缘薄壁孔口出流流量系数（μ_Q）有下列关系：

$$\mu_Q = f\left(\frac{d}{H}, Re, Wc\right)$$

其中，Wc 为韦伯数。根据这一关系，并结合其他因素分析本实验所得流量系数偏离理论值（$\mu_Q = 0.611$）的原因。

六、实验要求

（1）实验中应适当调节可控硅无级调速器，使恒压水箱液面保持稳定。

（2）实验次序：先管嘴后孔口。每次塞橡皮塞前，先用旋板盖住进口，以免水花溅开。

（3）流量测量采用重量法，一定要等水头完全稳定后再测量，每次测量液体时间不应低于 15s。

表 6-14　孔口与管嘴出流实验数据记录及计算表

空容器质量：_____ kg

项　　目	圆角管嘴		直角管嘴		锥形管嘴		孔口	
水面读数 H_1, cm								
质量, kg								
时间, s								
流量, cm³/s								
平均流量, cm³/s								
水头 H_0, cm								
截面积 A, cm²								
流量系数 μ								

项　目	圆角管嘴	直角管嘴	锥形管嘴	孔口
测压管读数 H_2，cm	—		—	—
负压水柱 H_3，cm	—		—	—
收缩直径 d_c，cm	—	—	—	
收缩断面 A_c，cm²	—	—	—	
收缩系数 ε	1	1	1	
流速系数 φ				
阻力系数 ξ				
流股形态				

注：流股形态代号为：①光滑圆柱；②紊散；③圆柱形麻花状扭变；④具有侧收缩的光滑圆柱；⑤其他形状。

第十节　泵特性曲线实验

一、实验目的

(1) 了解并掌握文丘里流量计的使用与测量方法。

(2) 学习并掌握有关泵水力参数的测量方法。

(3) 绘制泵特性曲线。

二、实验原理

对应某一额定转速 n，泵的实际扬程为 H，轴功率为 N，总效率 η 与泵出水流量 Q 之间的关系以曲线表示，称为泵的特性曲线。它能反映出泵的工作性能，可作为选择泵的依据。

泵的特性曲线可用下列 3 个函数关系表示：

$$H = f_1(Q) \tag{6-40}$$

$$N = f_2(Q) \tag{6-41}$$

$$\eta = f_3(Q) \tag{6-42}$$

这些函数关系均可由实验测得，具体测定方法如下：

(1) 流量 Q 用文丘里流量计、电测仪测量：

$$Q = A(\Delta h)^B \tag{6-43}$$

式中　A、B——预先经标定得出的系数；

Δh——文丘里流量计的测压管水头差，由压差电测仪读出，cm。

(2) 泵的实际扬程 H 是指水泵出口断面与进口断面之间总能头差，是在测得泵进口、出口压力以及流速和测压表表位差后，经计算求得。由于本装置内各点流速较小，流速水头可忽略不计，故有：

$$H = 102(h_d - h_s) \tag{6-44}$$

式中　H——扬程，cm；

h_d——水泵出口压力，MPa；

h_s——水泵进口压力，真空值用"—"表示，MPa。

（3）轴功率 N：

$$N = P_0 \eta_{电} \tag{6-45}$$

其中

$$P_0 = KP \tag{6-46}$$

$$\eta_{电} = \left[a\left(\frac{P_0}{100}\right)^3 + b\left(\frac{P_0}{100}\right)^2 + c\left(\frac{P_0}{100}\right) + d \right] / 100 \tag{6-47}$$

式中　K——功率表表头值转换成实际功率瓦特数的转换系数；

　　　P——功率表读数，W；

　　　P_0——额定功率，W；

　　　$\eta_{电}$——电动机效率；

　　　a、b、c、d——电动机拟合公式系数，预先标定提供。

（4）效率 η：

$$\eta = \frac{\rho g H Q}{N} \times 100\% \tag{6-48}$$

式中　ρ——水的密度，g/cm^3；

　　　g——重力加速度，cm/s^2。

（5）实验结果按额定转速换算：如果泵实验转速 n 与额定转速 n_{sp} 不同，且转速满足 $|(n-n_{sp})/n_{sp} \times 100\%| < 20\%$，则应将实验结果按下面公式进行换算：

$$Q_0 = Q\left(\frac{n_{sp}}{n}\right) \tag{6-49}$$

$$H_0 = H\left(\frac{n_{sp}}{n}\right)^2 \tag{6-50}$$

$$N_0 = N\left(\frac{n_{sp}}{n}\right)^3 \tag{6-51}$$

$$\eta_0 = \eta \tag{6-52}$$

式中带下标"0"的各参数都指额定转速下的值。

三、实验装置及设备

本实验装置如图 6-15 所示。

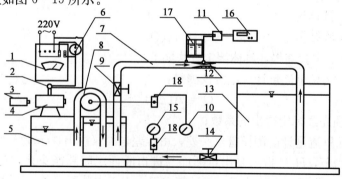

图 6-15　泵特性曲线实验装置示意图

1—功率表；2—电动机电源插座；3—光电转速仪；4—电动机；5—稳水
压力罐；6—功率表开关；7—输水管道；8—P-100 自吸泵；9—流量
调节阀；10—压力表；11—压差传感器；12—文丘里流量计；13—蓄水箱；
14—进水阀；15—真空压力表；16—压差电测仪；
17—电测仪稳压筒；18—压力表稳压筒

四、实验方法及步骤

（1）熟悉实验装置各部分名称及其作用，记录有关常数。

（2）全开阀门9与阀门14（图6-15），接通电源开启水泵（泵启动前，功率表开关6一定要置于"关"的位置），待输水管7中气体排净后，关闭阀门9，然后拧开压差传感器11上的两只螺钉，对传感器与连接管排气，排气后将螺丝拧紧。

（3）在阀门9全关的情况下，压差电测仪16应显示为零；否则，应调节调零旋钮，使其显示为零。

（4）在进水阀14全开的情况下，调节阀门9，控制泵的出水流量，此时打开功率表开关6测量记录功率表1读数，同时测量记录电测仪16以及压力表10与真空压力表15的读值。

（5）将光电转速仪射出的光速对准贴在电动机转轴端黑纸上的反光纸，即可读出轴的转速。转速需对应每一工况进行测量记录。

（6）调节不同流量，测量7～10次。

（7）在阀9半开（压力表10读数值为0.05～0.15MPa）的情况下，调节进水阀14，在不同开度下按上述步骤（4）、（5）测量2～3次，其中一次应使真空压力表15显示－0.08MPa左右。

（8）实验结束，应先切断电动机电源，检查电测仪是否为零；如不为零，应进行修正。最后切断电测仪电源。

五、实验数据处理

1. 实验成果及要求

（1）记录有关常数。

流量换算公式系数：$A=$_____；$B=$_____。

电动机效率换算公式系数：$a=$_____；$b=$_____；$c=$_____；$d=$_____。

功率表换算系数：$K=$_____。

泵额定转速 $n_{sp}=$_____。

（2）记录、计算见表6-15与表6-16。

（3）根据实验结果在同一图上绘制 H_0-Q_0、N_0-Q_0、η_0-Q_0 曲线。

表6-15　泵特性曲线实验记录表

实验次数	转速 n r/min	功率表读值 P W	流量计读值 Δh cmH₂O	真空表读值 h_s 10⁻²MPa	压力表读值 h_d 10⁻²MPa
1					
2					
3					
4					
5					
6					
7					
8					

实验次数	转速 n r/min	功率表读值 P W	流量计读值 Δh cmH_2O	真空表读值 h_s $10^{-2}MPa$	压力表读值 h_d $10^{-2}MPa$
9					
10					
11					
12					
13					

表 6-16　泵特性曲线实验计算表

实验次数	实验换算值				$n_{sp}=2900r/min$			
	转速 n r/min	流量 $10^{-6}m^3/s$	总扬程 H m	泵输入 功率 N W	流量 Q_0 $10^{-6}m^3/s$	总扬程 H_0 m	泵输入 功率 N_0 W	泵效率 η_0 %
1								
2								
3								
4								
5								
6								
7								
8								
9								
10								
11								
12								
13								

2. 实验分析与讨论

（1）对本实验装置而言，泵的实际扬程（总扬程）即为进出口压力差，为什么？

（2）当泵入口处真空度达 $7\sim8mH_2O$ 左右时，泵的性能明显恶化，试分析原因。

（3）由实验知道泵的出水流量越大，泵进口处的真空度越大，为什么？

（4）若两泵并联，其流量能否增加一倍？若两泵串联，其扬程能否增加一倍？试作图说明。

（5）进水阀在本实验装置中有何作用？若去掉该阀，本实验装置又将如何布置？

六、实验要求

（1）开泵前检查功率表开关是否处于关闭状态，否则将损坏功率表。

（2）开泵顺序为：全开阀门9、14（图6-15）；打开泵特性曲线电测仪上电源开关；打开水泵开关。

（3）测速仪使用方法：打开侧面开关，然后将光束对准泵轴贴纸处，待显示屏数据稳定后，关闭侧面开关，然后按住 READ 键读取数据。

（4）测量结束关泵顺序为：关闭功率表开关；关闭水泵开关；关闭泵特性曲线电测仪上电源开关；待压力表指针归零后，关闭阀门 9、14（图 6 - 15），否则将损坏，仪器无法使用。

参 考 文 献

[1] GB/T 50266—2013 工程岩体试验方法标准.

[2] 孙学增，李士斌，张立刚. 岩石力学基础与应用 [M]. 哈尔滨：哈尔滨工业大学出版社，2011.

[3] 谢和平，陈忠辉. 岩石力学 [M]. 北京：科学出版社，2004.

[4] SY/T 6867—2012 岩石碳酸盐含量测定方法.

[5] SY/T 5336—2006 岩心分析方法.

[6] SY/T 5346—2005 岩石毛管压力曲线的测定.

[7] 何更生. 油层物理，2 版 [M]. 北京：石油工业出版社，2007.

[8] 陈涛平，胡靖邦. 石油工程 [M]. 北京：石油工业出版社，2000.

[9] 张克勤，王欣，王奎才，等. 国内外钻井液标准化工作综述 [J]. 石油钻探技术，2001，29 (5) 4-8.

[10] 刘晓东. 油基钻井液的化学分析测试研究 [J]. 石油与天然气学报，2012，34 (1)：146-148.

[11] 孙金声，唐继平. 几种超低渗透钻井液性能测试方法 [J]. 石油钻探技术，2005，33 (6)：25-27.

[12] 丁海峰. 长裸眼中途测试钻井液技术 [J]. 石油钻探技术，2008，36 (1)：38-41.

[13] 郭惠英. 钻井液用白油的性能测试 [J]. 内蒙古石油化工，2012，(19)：11-13.

[14] 岳前升，刘书杰，何保生，等. 基于深水钻井液的新型矿物油基钻井液性能研究 [J]. 石油天然气学报，2011，33 (8)：114-118.

[15] 鄢捷年. 钻井液工艺学 [M]. 东营：石油大学出版社. 2001.

[16] 常瑛，季海军. 钻井液技术的进展 [J]. 国外油田工程，1998，14 (10)：17-18.

[17] 全红平，张元，张太亮，等. 钻井液降失水剂 JLS-2 的合成与性能评价 [J]. 油田化学，2012，29 (2)：129-132.

[18] 宗伟. 钻井液用超细颗粒性能的研究 [D]. 大庆：东北石油大学，2010：1-43.

[19] 侯万国，李东祥，宋淑娥，等. MMH/KCl 和 MMH/AlCl-3 钻井液性能研究 [J]. 钻井液与完井液，1997，14 (1)：4-7.

[20] 单高军，崔茂荣，马勇，等. 油基钻井液性能与固井质量研究 [J]. 天然气工业，2005，25 (6)：70-71.

[21] 张兰英，郭金爱，葛腾泽，等. 钻井液用 P++胶乳的性能评价及现场应用 [J]. 钻井液与完井液，2009，26 (2)：82-84.

[22] 崔明磊. 油基钻井液性能优化研究 [D]. 东营：中国石油大学，2011：82-86.

[23] 严波，朱维群，张蕊，等. 钻井液用 CETA 的性能评价 [J]. 钻井液与完井液，2002，19 (6)：25-27.

[24] 刘天乐，蒋国盛，涂运中，等. 新型水基聚合醇钻井液性能评价 [J]. 石油钻探技术，2009，37 (6)：26-30.

[25] 窦红梅，许承阳. 甲基葡萄糖苷——超低渗透钻井液性能评价 [J]. 钻井液与完井液，2006，23 (6)：36-38.

[26] 岳前声，王昌军，张岩，等. 新型海洋环保聚合醇钻井液室内性能研究 [J]. 石油钻探技术，2009，37 (4)：15-18.

[27] 杨虎，鄢捷年，陈涛. 新型水基微泡沫钻井液的室内配方优选和性能评价 [J]. 石油钻探技术，2006，34 (2)：41-44.

[28] 杨振杰，王中华，易明新. 钻井液与完井液研究文集 [M]. 北京：石油工业出版社，1997.

[29] SY/T 6544—2010 油井水泥浆性能要求.

[30] 刘崇建，黄柏宗，徐同台，等. 油气井注水泥理论与应用 [M]. 北京：石油工业出版社，2001.

[31] 赵福麟. 油田化学 [M]. 东营：石油大学出版社，1999.

[32] 张德润，张旭. 固井液设计及应用 (下) [M]. 北京：石油工业出版社，2000.

[33] 丁岗，刘东清. 油井水泥工艺及应用 [M]. 东营：石油大学出版社，2000.

[34] SY/T 5542—2000 地层原油物性分析方法.

[35] 张琪. 采油工程原理与设计 [M]. 山东：中国石油大学出版社，2009.

[36] 万仁溥. 采油工程手册 [M]. 北京：石油工业出版社，2000.

[37] 张琪，万仁溥. 采油工程方案设计 [M]. 北京：石油工业出版社，2002.

[38] 王常斌，郑俊德，陈涛平. 机械采油工业原理 [M]. 北京：石油工业出版社，1998.

[39] 李子丰. 油气井杆管柱力学及应用 [M]. 北京：石油工业出版社，2008.

[40] 胡博仲, 周继德, 徐国兴. 有杆泵井的参数优选和诊断技术 [M]. 北京: 石油工业出版社, 1999.

[41] 张宝安. 机械采油井生产系统优化设计 [M]. 东营: 中国石油大学出版社, 2006.

[42] 杨树栋. 采油工程 [M]. 东营: 石油大学出版社, 2000.

[43] 殷代印, 张承丽, 曹广胜. 有杆泵抽油动态曲线测定装置 [P]. 中国专利: CN202073764U, 2011-12-14.

[44] 张凯, 典灵, 冯国强, 等. 抽油机井管理系统 [J]. 油气田地面工程, 2005, 24 (1): 53.

[45] 张德友. 影响有杆泵泵效的因素分析及提高泵效的措施 [J]. 中国石油和化工标准与质量, 2011, (10): 91.

[46] 吴晓鹿. 抽油泵泵效影响因素初探 [J]. 中国石油和化工标准与质量, 2012, (9): 159.

[47] 曹刚, 吴晓东. 水平井有杆泵深抽工艺的设计与评价 [J]. 石油钻采工艺, 2006, (28): 52-54.

[48] 史晓亮, 段隆臣, 王蕾. 微钻法进行岩石可钻性分级 [J]. 金刚石与磨料磨具工程, 2002, (03): 32-34.

[49] 刘希圣. 钻井工程理论与技术 [M]. 东营: 石油大学出版社, 2000.

[50] 阎铁. 优选参数钻井理论与实践 [M]. 哈尔滨: 哈尔滨工业大学出版社, 1995.

[51] 万仁溥. 现代完井工程 [M]. 北京: 石油工业出版社, 1996.

[52] 阎铁, 李士斌. 深部井眼岩石力学理论与实践 [M]. 北京: 石油工业出版社, 2002.

[53] 尹宏锦. 实用岩石可钻性 [M]. 东营: 石油大学出版社, 1989.

[54] 魏宏超, 乌效明, 李粮纲, 等. 煤层气井水力压裂同层多裂缝分析 [J]. 煤田地质与勘探, 2012, 40 (6): 21-23.

[55] 陈德春, 黄新春, 张琪, 等. 水力裂缝层内爆燃压裂油井产能模型电模拟实验评价 [J]. 中国石油大学学报, 2006, 30 (5): 72-73.

[56] 蔡长宇. 水力压裂井产能研究 [D]. 北京: 中国地质大学, 2005

[57] 范志丽, 么甜甜. 水力压裂气井产能预测及影响因素研究 [J]. 西部探矿工程, 2013, (1): 49-51.

[58] 钱伯章, 李武广. 页岩气井水力压裂技术及环境问题探讨 [J]. 天然气与石油, 2013, 30 (1): 48-53.

[59] 吴迪祥, 张继芬, 李虎军. 油层物理 [M]. 北京: 石油工业出版社, 1994.

[60] 贾振岐, 张丽囡, 王立军, 等. 油田开发设计与分析方法 [M]. 哈尔滨: 哈尔滨工业大学, 1994.

[61] SY/T 5345—2007 岩石中两相相对渗透率测定方法.

[62] 翟云芳. 渗流力学 [M]. 3 版. 北京: 石油工业出版社, 2003.

[63] 葛家理. 油气层渗流力学 [M]. 北京: 石油工业出版社, 1982.

[64] 杨树人, 汪志明, 何光渝, 等. 工程流体力学 [M]. 北京: 石油工业出版社, 2006.

[65] 毛根海. 应用流体力学实验 [M]. 北京: 高等教育出版社, 2008.

[66] 姬忠礼, 邓志安, 赵会军. 泵和压缩机 [M]. 北京: 石油工业出版社, 2008.